迪迪米妮的超简单瘦身餐

高蛋白
低碳水
减脂餐

迪迪米妮的超简单瘦身餐

高蛋白低碳水减脂餐

（韩）朴祉禹 著

梁 超 译

辽宁科学技术出版社

·沈阳·

**迪迪米妮瘦身餐帮助数十万粉丝成功减肥，
好吃的瘦身餐，才能助你减肥成功！**

我以"米妮的健康瞬间"为名，在社交网络平台上记录减肥日常已有7年了。

主要是分享美味的减肥食谱，因为我的食谱很受大家的喜欢，所以开始在韩国
出版有关减肥的食谱书，不知不觉间已经出版到第四本书。感谢大家按照迪迪
米妮的食谱亲手制作食物，称赞这些食物美味可口，传来减肥成功的好消息，
还不断地关心和鼓励我，在此真心地表示感谢。

经历过无数次的减肥失败，终于找到了让我减肥成功的食谱。
7年间，不仅减掉了22kg，而且从未反弹！

现在大家都叫我"减肥食谱专家"，但我对于这个称号受之有愧。过去，我也曾寻找那些减重效果快，但并不正确的减肥方法。所以也一直在反复地减肥和反弹的过程中饱受煎熬。饿肚子、一天一餐、网上流行的极端减肥法等，这些都尝试过。在我开始赚钱之后，甚至尝试过吃药、做手术等方法。为了减肥，我可以说试过所有的方法。

现在回想起来，为了实现变瘦，我疯狂地通过消耗自己的身体和精神去达成我的目标，但自己却丝毫没有意识到这一点。然而，即便我付出了再多的时间、努力和金钱，最终得到的仍是反弹的体重和极度的压力。

坚持了那么多年，我失去了健康、时间和金钱。然而后来我才认识到，最值得珍惜的是我自己本身。

所以，后来我选择了在保证自己身体健康的前提下，还能保持身材的饮食疗法，就是"高蛋白低碳水食谱"。我终于不用担心减肥后再次反弹了，而且这份食谱帮助我从70kg减到48kg，减掉了22kg，到现在已经7年了，我依然保持着结实健康的身体。

高蛋白低碳水食谱不好吃？
给你推荐兼顾美味和营养的
迪迪米妮食谱！

当我说要用高蛋白低碳水食谱减肥时，很多人都会认为我每天只吃鸡胸肉和沙拉。但尝试过各种减肥方法后，得到的教训是，"如果吃的食物不好吃，减肥就会失败！"当然，在一定时间内我们可以减肥成功。但是，除非长期一直坚持吃这些难吃的食物，否则很容易胖回来。所以我想推荐的方法，就是美味的高蛋白低碳水食谱。

高蛋白低碳水饮食并不是强行阻断碳水化合物的摄入，而且绝对不是只吃无味还柴的鸡胸肉、红薯或者蔬菜。有时区分可以吃的食物和不能吃的食物，也会成为压力的开始。硬着头皮吃不好吃的食物，那只会让我们对食物的欲望变得更强，反倒是让人食欲大爆发。这将导致体重的再次反弹。我也经历过很多次这样的失败，所以我认为减肥食物的"味道"是关键。

味道固然重要，但也有其他不可忽视的东西，那就是均衡的营养。所以，在开发减肥食谱时，我把焦点放在了这两点上。不仅有鸡胸肉，还有多种动植物蛋白食材，在保证美味的同时，让蛋白质得到了充足的摄入。碳水化合物比平时少，而且选择好的碳水化合物，选用对身体好的脂肪和富含膳食纤维的蔬菜来增加饱腹感。

但是，如果偶尔很想吃辣、甜、刺激的食物，该怎么办呢？与其一味忍耐，不如使用健康的调料替代甜味剂和香料，重新呈现出诱人的味道，以此来平息对美食的欲望。如果你喜欢刺激性强的食物或加工食品，考虑到自己的身体，还是应该试着改变一下自己的饮食习惯，慢慢地减轻对刺激性口味的依赖，这才是最重要的。

越吃越瘦，数十万人验证过食谱，
这次，给你带来更加美味的食谱！

我已经出版过三本书，并通过社交媒体向大家分享了健康的减肥食谱，其间被问到最多的问题就是，"这样吃真的会瘦吗？"

虽然是减肥食谱，但是看着就很美味，吃起来也并不是平淡无味，而且真的会瘦下去。我和我的妈妈，还有几十万的读者已经通过我的食谱成功减肥了，而且他们还养成了健康的饮食习惯。既然这么多人减肥成功了，不妨你也试着先挑战一下吧。在减肥成功的同时，你也会收获健康。

在之前出版的书中，我已介绍了几百种食谱，但让我最开心最快乐的事，还是开发新的减肥食谱。因为喜欢美食，所以无论是发现新的食材，还是吃到新的美食，都会想着开发成自己的减肥食谱。虽然是不常见的搭配，但是做出来真的很好吃，当然也会有一些菜比预想的差。这样一来，我的食谱笔记在一年之内，也积累了数百道新菜。

用平底锅、微波炉等制作超简单料理，如汤、饭、面包、面条、甜品、小菜。炒年糕、紫菜卷、鸡排、紫菜包饭、提拉米苏通通都可以吃到！

你可能想知道这本书和以前的书有什么不同，回到编写这本书的初衷，我还是想要推出更简单、更容易做的菜。

为了那些厌倦了长期减肥而寻找新口味的人们，我推出了升级后的新鲜味道组合。在数百种食谱中，挑选了社交媒体和烹饪课堂中很多人都喜爱的人气食

谱，还有初学者也能轻松掌握的料理，更有很多人无法抗拒的炒年糕、鸡排、甜点、油炸食品等常见的食物，一共收集了101种料理。

书中有用一把剪刀处理一下，再用一个平底锅加热，就可以完成的超级简单的平底锅食谱；忙的时候把食材混合在一起就能做成的微波炉与空气炸锅食谱；还有一些减肥人群的禁忌食物——汤和面条。不光这些，还有为喜欢面包的人准备的面包食谱，为米饭控准备的饭料理，在不愿意外出就餐的日子也能品尝到的恰到好处的人间美味和便当食谱，还有令人难以置信的美味甜品和小菜！每一道菜都会有我的细心小贴士和烹饪技巧，所以只要好好读这本书，你也能成为减肥食谱达人。我做了很充分的准备，可以让大家不用再因为食谱而放弃减肥，而是一边品尝美味，还可以一边减肥。

最开始在社交媒体上更新，是为了记录我自己的减肥过程，然而以这个为出发点一天天地积累，也让我的食谱帮助了很多人，让我心情非常激动。于是我更加努力地烹饪和制作食谱。为了能让更多的人去看到这些食谱，我写了第一本书。就这样已经过了四年，其间每年都会出书。到目前为止的所有书，在出版后都能立即获得销冠，成为畅销书。

正如几十万读者给出的正面点评那样，希望以后有更多的新人用这本书为自己做饭，希望他们都能够吃得津津有味，并能持续兼顾减肥。当然，除了身体，还要照顾自己的心灵。我今后仍会秉持不让大家厌倦于减肥的初心，不断去开发并分享美味的新食谱，敬请期待吧！

迪迪米妮
2021年

第一章

不能更简单！
微波炉料理和一锅出料理

第二章

减肥的时候也不用戒掉米饭！

超简单的一碗饭料理

第三章

减肥的时候也不用戒掉面包！

饱腹感满满的面包和三明治

第六章

迪迪米妮牌减肥烘焙!

超级简单的甜品和美味小菜

迪迪米妮
的
智慧计量法

如果有计量勺的话，可以使用计量勺，但我是用每个人家里都有的餐勺进行计量的。这本书中所有的食材大都用餐勺进行计量，以"勺"为单位表示。

计量并不用很精确，但是也要注意食材不能压得太实，适当即可。

用餐勺
计量粉末

1勺 1/2勺 1/3勺

用餐勺
计量液体

1勺 1/2勺 1/3勺

用餐勺
计量酱料

1勺   1 / 2勺   1 / 3勺

用纸杯
计量

液体类1杯   粉末类1/2杯   坚果类1/2杯

泡好的鹰嘴豆 1杯   燕麦片 1/2杯

用手掌
计量

蔬菜1把   菠菜1把   杏仁1把

让迪迪米妮
成功减重22kg的
减肥六大原则

我之所以能够减掉22kg，是因为我给自己制定了一些规则。

其中有失败的，也有成功的，有些效果很好，有些根本没有效果。这里有六大减肥原则一定要推荐给你们。虽然不是什么大不了的事，但是如果能够渐渐地养成习惯，就会变成不易胖体质，还会帮助我们坚定减肥意志，并获得最终胜利。

1 每天喝2L水！空腹喝一杯水！

水有助于排出体内的毒素，并活跃我们的新陈代谢，所以在减肥过程中喝适量的水是必需的。尤其是起床后，空腹喝的第一杯水，可以排出体内堆积的废物，促进肠道蠕动，有助于排便。起床后，嘴里会有很多细菌，一定要用水漱口，或者在刷牙后喝接近于体温的温水。

当然，如果水喝得太多，会让肾脏产生负担，出现水中毒的危险，所以每天应该分多次进行饮水，每次喝一杯水（约250mL），慢慢地喝进去。咖啡、绿茶等含咖啡因的饮品不仅刺激肠胃，还会起到利尿作用，排出的水分多于喝下去的水分。所以大量饮用这些饮品会出现脱水症状，建议每天不要超过一杯。

 自己的体重×0.03 =每天水的摄取量（L），但是在运动之后或者流了很多汗的时候，可以多喝一点。

② 将食物放到一个碗中，增加饱腹感

减肥时控制食量是必需的。无论摄取的营养多么均衡健康，但如果过度饮食，摄取的食物量大于消耗量，都会成为多余的能量，进而堆积成脂肪。事实上，大部分的人是因为很难控制摄取的食物量而变胖的。

我曾经也是如此。大家可以先参考书中的计量法，控制住一餐摄取量，将食物装到一个盘子里，直到养成控制食量的习惯。

和别人吃饭的时候，也可以单独将自己的食物装到盘子里，慢慢地练习只吃自己的那份。比起与他人共享食物或边聊边吃，这种方法可以让你吃更少的量，也会感到饱腹感。一个人吃饭的时候，比起边吃边看电视或手机，更专注于饮食，会让你在吃饭的时候更容易获得饱腹感，这样就不会暴饮暴食了。

③ 戒掉甜饮料

减肥最大的敌人就是喝甜饮料！碳酸饮料、罐装咖啡、果汁、冰激凌等加工食品中含有液态果糖。液态果糖比普通的糖更容易在体内转化为脂肪，抑制引起饱腹感的激素——莱普汀的生成，从而更容易感到饥饿。

即使包装上写着"100%果汁"，乍一看貌似很健康，但仔细查看成分表，大部分都含有液态果糖。戒掉加工饮料，可以喝碳酸水（原味或天然味道的）或者用往水里加入果干的方法来代替。

④ 暴饮暴食后，请勿放弃减肥！

一顿暴饮暴食后，你是否在想"就吃到今天或本周吧，先推迟减肥"。要么就是因为减肥失败而自责，然后就放弃减肥了。减肥最重要的是，就算暴饮暴食后，也不能有放弃减肥的心态。即便一两餐或一两天吃得多，增加的体重只是未排出的食物和浮肿的重量，还没变成脂肪。

如果这一顿暴饮暴食了，那么下顿饭可以吃沙拉，比平时吃得少一点，再增加运动量，消化后再入睡。如果你吃得太多，第二天保持12~18小时的空腹期。另外，建议增加有氧运动的强度和时间，运动到有点喘不过气来，运动坚持40分钟~1小时。但是，反复暴饮暴食和绝食会导致饮食障碍，所以尽量均衡营养，保持饮食规律。

⑤ 利用碎片化时间运动

在日常生活中，只要稍微勤快一点，就能得到比安排固定时间进行有氧运动更好的效果了。如果稍稍观察一下周围那些不会长胖的人，就会发现他们一直在活动。距离近的话，就会快步走过去，而不是乘坐公共交通；饭后不是直接躺下或坐着休息，而是去散步；上楼时用走楼梯代替坐电梯；每次上厕所时，都会做简单的拉伸等。他们都有日常运动的习惯，去消耗多余的能量。走得越多，小腿就会变得越柔软越结实，所以平时一定要做小腿肌肉拉伸和按摩。

⑥ 以适合自己的方式记录饮食日常

如果你问我减肥成功最重要的秘诀是什么，我会毫不犹豫地回答"记录"。以各种方式记录一天的饮食、运动、身心变化等，给了我比想象中更多的力量。写一本只给自己看的日记，或者在社交平台上建立减肥账号也是不错的选择。我为记录饮食而创建的Instagram账号"@dd.mini"一直延用至今。

记录下吃了多少不该吃的零食，摄入的营养成分够不够，今天的运动量和身体状态如何，将容易遗忘的减肥日常生活记录下来。看着这些，我就意识到自己有哪些坏习惯，而后就有了改变的意愿，最后变成了好习惯。

记录就是减少减肥试错最有效的刺激剂，大家也可以试一下。

起床后
必须空腹喝
一杯水。

将一顿的食物
漂亮地装到盘子
里，拍一张
照片。

对碳酸饮料、罐
装咖啡、果汁说
NO！对水果茶、
碳酸水说OK！

2017.11.19
57.6kg

2018.1.22
50.8kg

记录下我不断
变化的过程，心里
很满足。

和宠物狗的日
常散步也是一
种减肥！

根据自己喜欢的口味，挑选好吃的产品

辛辣刺激的食物、甜品、布满面包屑和芝士的油腻食物、口感劲道的面条，这些都是减肥时绝对不能吃的食物。你真的能默默忍受？到头来只会让你的食欲大爆发。与其区分可以吃的食物和不能吃的食物，倒不如自己用健康的食材烹饪，这样就不会体重反弹，而是会持续瘦下去。下面我将给大家推荐一些小单品，大家可以根据自己的口味来选择！

不能缺少的面包！

杏仁粉

虽然热量比面粉高，但是纯碳水化合物（碳水化合物-膳食纤维）含量低，不会急剧升高血糖。减肥时，可以代替面粉制作松软的面包。

蛋白粉

虽然主要用途是在运动后更加方便地摄取蛋白质，但也可以用来制作减肥面包。和鸡蛋、坚果一起做的话，就可以做出高蛋白面包。如果你家里也有一些因为特殊的腥味被搁置在角落里的蛋白粉，那就可以参考这本书中的甜品食谱灵活使用了。

燕麦片

将燕麦烘干、压制而成，是低糖的健康碳水化合物，而且富含蛋白质和膳食纤维。如果想要有咀嚼的口感，就直接使用。如果想做出更有嚼劲的面包，就磨碎后使用。和含水量大的材料一起使用，就能做出美味健康的面包。

木斯里

由各种干燥全谷物、坚果、水果干等组成。木斯里通常搭配牛奶或酸奶，也可以用其做出健康的面包。不用一一准备其他的材料，也可以做出有嚼劲的丰富口感。因为含有各种坚果，不加甜味剂也可以做出甜甜的面包。

干豆腐

由有机大豆制成，每100g中蛋白质含量为15g，纯碳水化合物（碳水化合物-膳食纤维）仅为1g，是植物性高蛋白食品。所以在进行低碳水减肥过程中，想吃面条的时候，即便用其作为晚餐，也可以毫无负担。比起凉菜，干豆腐更适合做热面，用空气炸锅烘烤的话，口感会变得酥脆，也很适合当零食。

低卡面条

一般的魔芋面会有特殊的魔芋香味，需要在水中进行冲洗和焯水。为了解决这个麻烦，就有了含鹰嘴豆粉和炒豆粉成分的低卡面条。低卡面条和一般的魔芋面相比，没有魔芋特有的气味，口感更好。无须冲洗，只需沥干水分即可食用，还可用于制作拌面等不使用火的料理，非常方便。

魔芋乌冬面

比一般的魔芋面口感圆润，所以我很喜欢吃，魔芋面虽然有特有的香味，但用水冲洗加热后，大部分气味都会消失。这款面不容易入味，很适合制作加热的炒面料理。

海带面

不添加面粉、淀粉等，是用99%海带做的低热量碱性食物，所以可以毫无负担地享用。除了在水中漂洗之外，不需要其他的操作，所以操作很简单。如果与热菜一起搭配食用，会出现海鲜的腥味，建议避开这种操作。还可以制作冰豆浆面、拌面等适合夏天吃的轻食面条。

全麦意大利面

全麦意大利面比一般的意大利面含有更加丰富的膳食纤维，饱腹感高，而且不会让血糖急速上升，是很健康的面食。但是这款面比一般的意大利面口感硬，所以煮的时间要比包装上写的时间长一点。

糙米越南卷饼皮

浸入水分就会变得有嚼劲，想吃面食的时候只要少量食用，就会感到满足。推荐使用含有丰富膳食纤维的糙米粉制作的饼皮。

西葫芦、胡萝卜、黄瓜

想吃面条但又怕胖的时候，可以用蔬菜代替。把西葫芦、胡萝卜、黄瓜等蔬菜用旋转切丝机或普通菜刀切成长条，代替面条食用。

辣椒粉

健康的辣味代表是辣椒粉，在清淡的料理中撒一点，就能让辣味自然产生，所以会经常使用。辣椒中含有的辣椒素可以活跃新陈代谢，燃烧脂肪，分泌胃酸，帮助消化。辣椒对温度和湿度比较敏感，所以要冷冻保存。

红辣椒碎

是碾碎的西式干辣椒，比一般粗的红辣椒粉还粗，籽多。比起醇香的辣椒粉，这一款的辣味更明显。可以用来做炖菜、炒菜等，还可用来做吐司、意式焗饭等料理的配料。需要冷藏或冷冻保存。

是拉差辣椒酱

我喜欢东南亚酱料特有的辣味，所以会经常用到。以其是零热量的酱汁而闻名，其中有少量的原材料和糖，每次建议用量不超过一勺，开封后则需要冷藏保存。

塔巴斯科辣酱

用辣椒、醋、盐三种调料制作而成，是使用度高的一款调料，想要兼顾酸、甜、辣的味道时适合使用。开封后冷藏保存。

蒜泥

在制作各种各样的料理时，如果想要辣味的话，可以选择符合自己口味的蒜泥。每次做菜的时候都把生蒜切碎备用，味道会更佳。直接购买蒜泥也可以。如果担心还没吃完就会变质的话，可以把蒜泥分装好后冷冻保存，或者倒入市面上卖的立方储存格进行冷冻，再或者冻干保存，这样会比较方便。

烟熏红椒粉

单纯的辣味有点单调？可以试试少量的烟熏红椒粉。得益于其特有的熏香，这款产品与其他辣味食材可以完美融合，展现完美的辣味熏香。购买时一定要确认其并不是普通的彩椒粉，而是烟熏红椒粉，打开后冷藏或冷冻保存。

阿洛酮糖

用葡萄干、无花果等含有的微量甜味成分加工而成的人工甜味剂，具有砂糖70%左右的甜味，经常作为糖的替代品使用。另外，该产品含有砂糖1/10左右的热量，且和砂糖不同，大部分都是通过尿液排出，对血糖没有影响。但是摄取过多的话会引起腹痛、腹泻等，所以在料理中要适量地使用。

低聚糖

低聚糖分为低糖果糖和低聚异麦芽糖。低聚异麦芽糖是由玉米、大米等淀粉制成，有浓郁的甜味，而低聚果糖是由蔬菜、水果中含有的天然物质制成，富含膳食纤维，有助于钙的吸收。低聚果糖是益生菌（乳酸菌）的食物之一，因此可以用在含有乳酸菌的酸奶料理上。如果在70℃以上长时间加热，甜味就会减少，所以在做热菜的时候要使用低聚异麦芽糖。

甜菊糖、赤藓糖醇

甜菊糖是天然甜味剂，比砂糖甜度高200～300倍，如果单独使用，会尝到苦味。所以最好和赤藓糖醇搭配购买使用。赤藓糖醇口感清凉甘甜，是砂糖甜度的70%～80%，含有糖醇成分。虽然不会被身体吸收，但如果过量食用，还是会引发腹痛、腹泻，所以请适量食用。

天然甜味剂

（蜂蜜、龙舌兰糖浆、枫糖浆）

上面这些产品和精制白砂糖不同，虽然营养成分丰富，但也只是比精制白砂糖好一些而已，如果食用过量，会使血糖急剧升高，阻碍减肥。与其无条件地忍着不吃甜食，不如使用健康的甜味剂，不仅能够让你吃得津津有味，更重要的是能够逐渐减少对甜味的依赖。

无糖可可粉

在喜欢吃甜食的人里没有人讨厌巧克力吧？我们之所以会认为食用巧克力会增加体重，是因为巧克力中放了大量的砂糖和黄油。可可粉中反而含有膳食纤维，会给你饱腹感，还会对抑制食欲有所帮助。可以使用不含糖的100%无糖可可粉健康地进行烘焙，可以和燕麦片粥或酸奶混合，吃法多种多样。

香蕉、无花果等水果

水果中含有更多营养成分和膳食纤维，还有甜味，可以制作成各种各样的料理。特别加入口感软糯又香甜的香蕉和无花果等水果，可以减少其他甜味剂的使用，或者干脆不使用甜味剂，也能达到自然的甜度。

希腊酸奶

希腊酸奶是将一般酸奶的乳清成分分离出来，其蛋白质和钙含量高，糖分含量低。含有丰富的乳酸菌，可以在减肥中创造健康的肠道环境，一定要吃哦。

芝士

人们都认为减肥时不应该吃芝士，但这绝对是误会！如果在高碳水饮食中放上一些，或许不太好，但在低碳水的减肥料理中加入适量的芝士，反而优点多多。芝士的脂肪和蛋白质含量高，能够长时间保持饱腹感，而且里面添加了钠元素，即使在食物中不特别添加咸味，也能做出咸味。芝士要选择100%纯芝士或芝士含量高的产品，避免钠含量过高的产品。

无盐黄油

香喷喷的黄油只要调节好量，在减肥中也是可以吃的。黄油是将牛奶中的脂肪分离后凝固而成的乳制品，含有丰富的饱和脂肪酸和维生素、矿物质。饱和脂肪很容易被误解会引发肥胖，但是它却具有帮助消化吸收其他营养成分的作用，还被当作能源使用。若要购买黄油，需要在确认成分表后，购买100%乳脂的天然黄油。麦琪淋是将植物性脂肪做成固体而形成的植物性黄油，在其制造过程中会产生反式脂肪，对健康有害，所以要小心。

牛油果

牛油果中含有不饱和脂肪、膳食纤维等营养成分，所以被称为"森林中的黄油"。在奶油烩饭、意大利面、三明治等食物中加入，就会有像奶油一样柔和的口感。

牛奶、无糖豆奶、燕麦牛奶

想吃奶油烩饭或意大利面时，可以使用这3种产品完成奶油质感的料理。如果喝牛奶不消化，或者想要更轻爽的质感，可以用不添加糖分的无糖豆奶、燕麦牛奶、杏仁牛奶等来代替。

让食材保持新鲜的储存法

如果下定决心做料理，买了各种各样的产品之后就发现，会有很多还没使用就在冰箱里坏掉的食材。食材买得要适量，这一点是很重要的，购买后储存的方法也很重要。不要无条件地将食材都堆在冰箱里，这一部分就是要告诉大家可以长时间保存营养，让食材保持新鲜的储存方法。

叶菜

叶菜在减肥时要充分摄取，但其比想象中枯萎得快。买叶菜的话，需要先把软的部分果断扔掉，然后洗干净，去除一定的水分。在密闭的容器里铺上厨房用纸，放上蔬菜之后，再盖上厨房用纸，将其密封起来。有根的生菜或羽衣甘蓝等叶菜，需要将根部朝下，使其在容器中站立起来，这样会比平时储存的更新鲜。此时用厨房用纸可以维持蔬菜适当的湿度。如果有稍微枯萎的蔬菜，可在冰水里放入少许醋，浸泡5分钟，就可以恢复一定的新鲜感。叶菜买太多时，可以分成小份冷冻起来，和猕猴桃、菠萝等水果一起磨碎，做成绿色奶昔吃。

番茄沙司、罗勒青酱

为了让食物增添一些健康的味道，这两种调料是经常使用到的。这两种调料在开封前保质期很长，但开封后即使是冷藏保存也会马上发霉。这时只冷藏保存几天内可以吃的量，剩下的部分用硅胶冰格分成小份，进行冷冻保存。将其分装成冰格的大小冻好，然后放入密封的保鲜袋中冷冻，可以在简单的料理中使用一个，也不用担心变质。

杂粮、燕麦片等谷物

开袋之前需要避免放在潮湿或有光线直射的地方，应该放在阴凉处保存。开袋之后可能会招虫子，需要密封后冷藏或冷冻保存。

牛油果

牛油果在夏天需要1~2天，春秋需要3~5天，冬天需要1周左右，放置在室温下成熟。如果是没有熟透的草绿色牛油果，最好不要冷藏保存。如果是不马上吃的暗绿色熟透的牛油果，最多能冷藏保存2~3天。果肉如果放置在空气中，就会发生褐变现象，所以要分成两半，先食用籽掉落的部分。在连着籽的一侧涂上橄榄油，用保鲜膜包裹或放入密闭容器中，籽的部分朝下冷藏保存，可以最大限度地减缓褐变，以便于长时间保存。需要在2~5天内吃完，如果果肉表面开始稍微变褐，就用刀将那部分削掉。熟透的牛油果如果有很多的话，把果肉捣碎做成牛油果酱，冷冻起来更方便。

生苏子油

普通的苏子油味道香，但苏子在高温炒熟后挤出油时营养成分会流失很多。虽然生苏子油没有普通苏子油的香味，但是ω-3等营养成分更加丰富，所以我更喜欢吃生苏子油。所有的苏子油只要暴露在空气中，就很容易产生酸败，所以即使价格贵一些，也推荐选用刚榨出来的苏子油。另外，开封后会很快酸败，所以推荐用报纸等包裹好，避免光线冷藏保存，尽量选用2个月内可以食用完毕的小包装产品。苏子油的沸点低，可以在中火加热时或熄火后使用，像沙拉酱一样直接使用比较好。

纳豆

大豆发酵食品——纳豆含有丰富的蛋白质和膳食纤维，食用方便简单。但是冷藏保存时，如果过了保质期，就会过度发酵，大豆的苦味会重。因此生纳豆和冷冻纳豆都要冷冻保存，在食用1~2天前转移到冰箱冷藏室自然解冻比较好。如果将生纳豆直接冷冻保存的话，就会停止发酵，所以即使过了一定的保质期也能食用。如果对纳豆加热，有益菌就会遭到破坏，所以将冷冻的纳豆用微波炉解冻时，短时间加热即可，可以与不用火的料理搭配使用或作为装饰使用。

各种酱料

①室温保存
盐，甜菊糖（和赤藓糖醇），阿洛酮糖，低聚糖，蜂蜜，醋，橄榄油，香油，椰子油

②冷藏保存
（生）苏子油，大酱，酱油，番茄沙司，是拉差辣椒酱，蛋黄酱，肉桂粉，罗勒粉，欧芹粉

③冷冻保存
辣椒粉，红辣椒碎，意式红辣椒，胡椒粒，胡椒粉，芝麻

关于备餐，你要知道的一切

在公司上班或在学校上学的时候，每顿饭都自己做，是一件非常辛苦的事情。但也不能总去买沙拉或减脂餐吃。虽然我之前的很多工作都要加班，但是减肥也成功了。可以说我的减肥成功，多亏了备餐。周末的一天抽出1～2个小时做好备餐，那么即便要去加班，即便太累没能准备第二天的便当而直接睡去，到时候也一定能够拿出像样的一顿饭带走。我有7年的备餐经验，在此我会一一公开我在实战中积累的备餐攻略！

 小提示 备餐（meal prep）是指将一周的饭菜一次性提前准备好，每顿都拿出来吃的一种方法，是"吃饭（meal）"和"准备（preparation）"的合成词。其优点是可以制定健康的食谱，节省时间和餐费。

各类料理的备餐分类

不用担心会变质，可以备餐的料理

通过加热将食材全部做熟的炒菜、焗饭、盖饭、面包、汤等不用担心会变质，所以可以一次性做5顿以上的量，然后贮存起来。2～3天内能吃的要冷藏保存，以后才能吃的要冷冻保存，再加热食用，可以保存大约一个月，拿出来就能像刚做的料理一样，吃得津津有味。而且一次性做大量料理的时候，蔬菜和其他材料的量比做一顿的分量多，水分自然会增加，因此油的使用可以减少50%～70%，可谓一举两得。

2~3天内要吃完的备餐料理

因含有生菜馅而很难冷冻保存的沙拉、三明治和玉米卷饼，只能做2~3顿的分量，冷藏保存2~3天内吃完。如果有格子分离的密闭容器，就可以将沙拉中的蔬菜和蛋白质类分开，不会串味，吃起来很新鲜。制作三明治时，为了最大限度地防止馅料的水分流失，应将洗净后去除水分的叶菜或切片芝士等水分不容易吸收的食材与全麦面包直接接触。如果有的菜谱需要直接把酱汁涂在面包上，最好是在里面的食材上涂酱汁，或者吃的时候再撒上酱汁。

不适合备餐的料理

现做现吃的面条和紫菜包饭不适合做成备餐。特别是紫菜包饭，如果冷藏保存的话，里面食材的水分会流出来，紫菜会变软，还会散发出腥味，再加上各种食材都混在一起，所以比其他的料理更容易变质。如果想带紫菜包饭便当的话，推荐在前一天晚上先整理好食材，早上再卷紫菜包饭。炎热的夏天放在室温下会马上变质，要多加注意。

冷冻蔬菜组合

备餐中最麻烦的过程是花很多时间处理蔬菜。这时不要一一去准备蔬菜，使用冷冻蔬菜组合就很不错。不需要洗涤或刀工，只要放到锅中即可，可以节省一半以上的烹饪时间。若要选择含有玉米、大豆的冷冻蔬菜组合，需要避开转基因食品，选择有机农产品。

蔬菜破壁机和食品处理器

这些工具可以节省切菜的时间。使用蔬菜破壁机时，建议把蔬菜大致切好后放进去，只要拉一下或转动一下把手就可以大功告成。如果连拉都觉得麻烦，可以使用食品处理器，只要按一下按钮就会自动捣碎蔬菜。不需要切蔬菜，这样可以节省时间，懒人一族和料理菜鸟们都能更方便地备餐了。

又大又深的锅

如果一次炒了很多菜，为了不让蔬菜溢出来，需要用一口又大又深的锅代替浅底锅。这样不仅可以节省时间，不用去捡溢出来的蔬菜，还可以快速完成后续的整理工作，干净利落地完成任务。

耐热硅胶铲

一次性要炒很多食物的时候，工序要比平时做饭的时候更加复杂。用不锈钢烹饪工具或勺子的话，锅的涂层会脱落或出现瑕疵，使用寿命也会缩短。这时可以使用耐热硅胶铲，这样一来锅底不容易刮伤，即使受热也没有关系，对烹饪大有益处。

可以用于微波炉烹饪的
健康密闭容器

选择可以小份冷藏或冷冻保存后加热的备餐容器。可以使用微波炉专用的耐热玻璃或PP（聚丙烯）材质的密闭容器，最好同样的大小准备若干个。请选择专门的密闭容器品牌，或在超市购买亦可。

冷冻即食鸡胸肉和健康汁

在炎热的夏天，你一定担心美味的便当会坏掉。此时不用再带着沉重的冰袋，可以将卷心菜汁、洋葱汁等健康汁冷冻好，或者用冷冻即食鸡胸肉代替冰袋使用。如果当作零食吃完的话，回家的路上便当包还会变得更轻哦。

墨西哥卷饼和三明治的包装纸折法

因为全世界的气候异常，大家都对环境日益关心起来，我为了健康减肥，精心制作了墨西哥卷饼和三明治，但到了要包装的时候，却越看塑料保鲜膜越不顺眼。于是我放弃了不会烂的保鲜膜，而选择用纸包装。下面将介绍一些简单的包装纸折法，为了保护环境，我们一起从小事开始做起吧。

 小提示

☑ 用33 cm×33 cm大小的正方形硫酸纸（牛皮纸），因为大小适合包装胖胖的三明治，所以推荐给大家。

☑ 硫酸纸和硅油纸很容易混淆，硅油纸因为没有胶带，很难包装，所以要使用硫酸纸。

墨西哥卷饼的包装纸折法

捏住墨西哥卷饼的底部，像卷紫菜包饭那样卷起来。

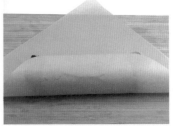

1.将硫酸纸铺成菱形，将墨西哥卷饼和里面的食材整整齐齐地堆起来，然后双手用力将玉米饼卷起来，做成卷状。

2.将墨西哥卷饼直接拿到硫酸纸的底部，将硫酸纸的底部和墨西哥卷饼一起卷起来。

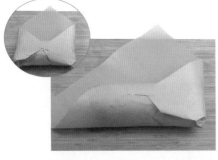

3.卷起一半停下来，将硫酸纸两侧中的一侧折进去，用纸胶带固定，剩下的一侧也用同样的方法固定。

4.将剩下的部分朝硫酸纸上方用力旋转，用纸胶带固定好，再切成适合食用的大小即可。

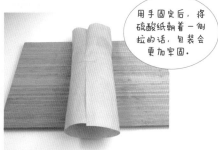

用手固定后，将硫酸纸朝着一侧拉的话，包装会更加牢固。

1. 将硫酸纸铺成四边形，将三明治的食材整整齐齐堆起来，用面包盖上。

2. 用一只手轻轻捏住面包，拉住硫酸纸的左右两侧，向上折叠，叠好硫酸纸后，用纸胶带固定。

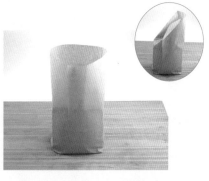

3. 将硫酸纸底部的两侧按照三明治的形状凹进去折叠，剩下的部分也像包装礼品一样折叠，用纸胶带固定。

4. 将三明治竖起来，让刚才包好的部分朝下，上面也和下面一样，像包装礼品一样折叠，用纸胶带固定。

用面包刀最干净利落，用普通刀切的话，需要竖起刀，像锯开一样切开。

5. 考虑好三明治切开之后的断面，确定刀的方向之后，把贴着纸胶带的面向下放，用刀切开。

从决定减肥开始，我按照自己的口味一一制作适合自己的减肥食谱，这一过程已经持续7年了。在这期间，我成功减肥，并维持了7年，也多亏了和我一起度过那段时间的人们，我的第四本料理书问世了。饱含着大家血泪的实践和感人心得融合在一起的"#迪迪米妮食谱""#挑战迪迪米妮食谱"等话题，点击量足足突破了9万次。也就是说，不仅是我，还有很多人都生动地证明了减肥的成功，恢复了健康，克服了饮食障碍，让坏习惯转变成了好习惯。下面将和大家一起来分享"#迪迪米妮食谱挑战赛"优胜者们珍贵的心得。我做到了，很多人也都实现了目标，大家也来挑战一下。我们都能成功减肥！

@yennionz

"我从69 kg减到58 kg，让痛经远离我！"

我平常因为痛经，总伴有呕吐。

在实践食谱的过程中，我的痛经消失了，简直太神奇了。

没想到食谱对身体的影响竟然这么大！

原本吃饭的时候，只选择符合自己口味的食物，但是随着实践这些菜谱，

我对芹菜、纳豆、菠菜等食材的成见被打破了。

还学会了使用原来最讨厌的卷心菜、地瓜（红薯）和鸡胸肉等各种各样的食材。

没有身心的负担，能够如此愉快地减肥还是第一次。

再加上养成了健康的习惯，以后我也会继续按照这些食谱来做饭的。

"体脂减少了4.2 kg，肌肉增加1.1 kg！"

为了让自己的身材指标更好看，过度减肥让我的体重达到了平生最低值，但在这之后出现了饮食障碍，还出现了 13 kg 的反弹。

后来按照迪迪米妮的食谱做饭，同时还做伸展运动。

我将减肥的重点集中在"要吃得津津有味，并且养成健康的习惯"上面。结果体脂减少了4.2 kg，肌肉增加了1.1 kg。

这让我爱上了我制作的料理，让我体会到了成就感，真的十分感谢。

"被减脂餐的美味吓了一跳，看到自己的变化，我非常满足！"

哇！就是些普通的家常食材，怎么能创造出这种清新脱俗的味道呢？

我在挑战这些菜谱的时候，完全想不到这些家常食材。

而且迪迪米妮的零食还能抑制食欲，让我更满足了。

因为这些食物很合家人的口味，所以我会经常给他们做，还会做些给朋友送去。

减肥，让我感受到了很多小幸福。

我最大的变化就是思想意识发生了改变。

明白了即使不自责，不去过度减重，也可以愉快健康地减肥。

这应该就是迪迪米妮想要让我们养成的习惯，希望刻画的宏伟蓝图吧？

赵雅
@dd.joaaaa

"减重2.1 kg，肚子上的肉减少了，胆固醇也降低了!"

终于，终于我体重的第一位数有了变化!

肚子上的肉减了很多，裤子也变得宽松了，瘦了以后就会穿想穿的衣服。

我一直以为我的高胆固醇是遗传的，即使戒掉零食或刺激性食物也不会降低，

但是按照迪迪米妮的食谱吃饭后，就降下来了。真的很神奇啊!

对了! 如果要我跟刚入门的料理菜鸟们分享我的经验，

那就是迪迪米妮食谱的食材搭配得很好，按照食谱做的话真的很好吃!

迪迪米妮，谢谢你让我品尝料理高手的滋味!

绿豆
@dd_yeon.du

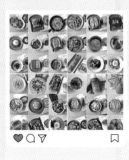  

"减重3 kg后，身体的观感变好了，紧绷的裤子也可以轻松穿上!"

减肥八成靠的是食谱，迪迪米妮的食谱是可以放心实践的。

我那不减肥的同桌也说好吃，看来味道是有保障的。

迪迪米妮的食谱让我摆脱了体重反复反弹的恶性循环。

这份食谱写的并不是难吃的减肥食物，而是入口就会让你发出"哇哦"的感叹。

我对减肥食谱的压抑感，对减肥的心态也有所改变。

以前很难穿进去的紧身裤，现在可以很轻松地就穿上了，大家想不到吧?

给自己打扮得漂漂亮亮的，还可以拍照，和迪迪米妮粉丝团的沟通很愉快，

就连减肥也变得很有意思。

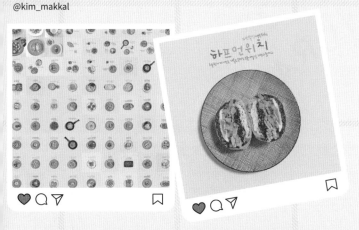

"不仅是减肥，就连做饭、沟通、自尊都发生了变化！"

我本来是不太会做饭的，但心想着，"跟着做很容易啊！"

于是就尝试做了起来，后来发现还很合我的口味，真是让我吓了一跳。

现在做一顿健康美味的饭菜招待自己，成了一件让我真心快乐的事情。

以后也可以做菜招待朋友了吧？

菜谱我也很满意，通过迪迪米妮直播与粉丝团成员们进行沟通、打气，

彼此分享小诀窍，让一起减肥变得很有意义。

我以前不会像别人一样拍出漂亮的照片，所以也开始P图，这给了我寻找自我的时间，

也让我更加尊重自己。我通过迪迪米妮食谱减肥，认识了优秀的人，也发生了积极的变化。

我和无数粉丝都做到了。

今年的主角就是各位！

大家一起健康愉快地减肥吧！

LOW CARBOHYDRATE

HIGH PROTEIN

DIET RECIPES

第一章

不能更简单！

微波炉料理和一锅出料理

每个人一天都有相同的24小时。

在工作、育儿、学习等让你忙得不可开交的情况下，

为了减肥，既要做运动，又要做减肥餐，是非常不容易的事情。

我也和你们一样。

所以无论你们是料理小白也好，懒人一族也好，都可以跟着做。

这一章是用微波炉或者一口锅就可以快速制作的超简单食谱。

魔芋饺子燕麦饭

● 早餐　● 午餐

　　在减肥过程中，只要想到饺子，我就总会买鸡胸肉魔芋饺子。但是为了减少热量，或许是用魔芋粉代替小麦粉来制作饺子皮的缘故，饺子皮和里面的馅料不相融，所以很难操作，最终只能都堆在了冷冻室里。后来我开发出了使用鸡胸肉魔芋饺子制作的5分钟超简单料理。筋道的魔芋饺子皮和燕麦片搭配，味道最好。为了弥补蛋白质不足，还用了鸡蛋将其填满，营养很丰富！

用料

□ 鸡胸肉魔芋饺子 3个

□ 燕麦片 4勺（25g）

□ 鸡蛋 2个

□ 辣椒 1个

□ 马苏里拉芝士 15g

□ 水 1/2杯

□ 酱油 1/2勺

□ 红辣椒碎 少许

1. 在耐热容器中放入燕麦片，打碎鸡蛋，然后用剪刀把辣椒剪成适合食用的大小。

2. 用剪刀将鸡胸肉魔芋饺子剪成4份，倒入水、酱油，搅拌均匀，撒上马苏里拉芝士。

3. 用微波炉加热2分钟+1分30秒，分2次加热，然后撒上红辣椒碎。

玉米芝士味焗饭

　　玉米芝士中有颗颗裂开的玉米粒和不断散发出奶香的梦幻味道，实际上玉米芝士是由脂肪和碳水化合物合成的炸弹。但是如果抵挡了玉米芝士的诱惑，又会心生悲伤，所以可以在减肥专用的玉米芝士基础上，再配上意大利焗饭吃。因为使用了有机的玉米粒和植物蛋黄酱、鸡蛋，会更加健康。再加上燕麦片，口感也会变得更好。加入是拉差辣椒酱，也不会有油腻感。

用料

- [ ] 燕麦片 4勺（25g）
- [ ] 玉米粒 2勺
- [ ] 洋葱 1/4个（45g）
- [ ] 鸡蛋 2个
- [ ] 马苏里拉芝士 20g
- [ ] 燕麦牛奶 4勺
  （或用牛奶、无糖豆奶）
- [ ] 植物蛋黄酱 1勺
  （或用半油蛋黄酱）
- [ ] 是拉差辣椒酱 1勺
- [ ] 欧芹粉 少许

1. 用剪刀将洋葱剪碎到耐热容器中，然后打鸡蛋。

2. 倒入燕麦牛奶、燕麦片、玉米粒1+1/2勺、植物蛋黄酱、是拉差辣椒酱1/2勺，搅拌均匀。

3. 撒上马苏里拉芝士、玉米粒1/2勺，用微波炉加热2分钟+2分钟，分2次加热。

上面用喷枪稍微喷黑，或用空气炸锅、烤箱等稍微烤一下，就会成金黄色，看起来更美味。

4. 撒上欧芹粉、1/2勺是拉差辣椒酱，搅拌均匀即可食用。

（小提示）

将燕麦干燥挤压而成的燕麦片是含有丰富膳食纤维的复合碳水化合物食品，在料理中即使少量使用，也会有饱腹感。因为颗粒大，所以充分烹饪2～3分钟，就能享受到比其他燕麦片更筋道的口感。因为是干燥食品，所以很容易保存，没饭吃的时候可以泡水代餐。

东南亚风味碗面

● 早餐　● 晚餐

忙碌的时候，或者超级想吃一碗面条的时候，我喜欢选用低热量的方便碗面，但是因为钠含量高，经常吃会有负担。所以在这教你如何在减少钠的同时，做出一份相似的面。粉包只放一半，用金枪鱼作为蛋白质，用100%无糖花生黄油增加健康的脂肪，用香菜和柠檬汁提味，这样就搞定了！只需要5分钟，就能做出不亚于市面上销售的东南亚风味的面条。

用料

- □ 碗面 1盒（辣味）
- □ 金枪鱼罐头 1个（100g）
- □ 辣椒 1个
- □ 香菜 10g（或用苏子叶）
- □ 煮鸡蛋（半熟蛋）1个
- □ 蒜泥 1/2勺
- □ 柠檬汁 1勺
- □ 100%无糖花生黄油 1/2勺
- □ 大麻子 少许
- □ 开水 1杯

粉包只倒入一半，可以减少钠的摄入。

待油脂完全除去时，把金枪鱼用筛子筛一下，倒上热水，用勺子按一下。

1. 在碗中只倒入一半的粉包，用剪刀剪辣椒，放入约2/3的分量的香菜，以便食用。

2. 金枪鱼需用勺子按压去掉多余油脂，将金枪鱼、蒜泥放入碗中。

3. 在碗中倒入开水，盖上盖子泡3分钟，然后放入柠檬汁、香菜、煮鸡蛋、100%无糖花生黄油、大麻子。

小提示

花生黄油由丰富的蛋白质和矿物质，有利于血管健康的不饱和脂肪酸等组成。购买花生黄油的时候，要选择不含糖和食品添加剂的100%无糖花生黄油。

蒜香橄榄油干豆腐

● 早餐　● 晚餐

　　在新出的食材中，我最爱的就是干豆腐！每100g的干豆腐中，蛋白质含量足足有15g，除了膳食纤维以外的纯碳水化合物只有1g，因此在减肥过程中也可以毫无负担地吃面条。用口感筋道的虾作为动物蛋白，用蒜泥和巴马干酪粉提味，味道和营养都不亚于蒜香橄榄油意大利面。

用料

☐ 干豆腐 1包（100g）

☐ 虾 5只（120g）

☐ 大蒜 4个

☐ 香菜 10g（或用苏子叶）

☐ 蒜泥 1勺

☐ 巴马干酪粉 1/3勺

☐ 胡椒粉 少许

☐ 橄榄油 1勺

把冷冻虾放在水里清洗，泡在热水里解冻，把水分沥干后使用。

1. 用剪刀把大蒜剪成3段，香菜切成一口能食用的大小，干豆腐用流动的水清洗，然后去除水分。

2. 在平底锅里倒入橄榄油，放入剪好的大蒜和蒜泥，小火炒成金黄色，再放入虾炒制。

3. 放入干豆腐轻轻炒，再撒上巴马干酪粉，再稍微炒一下。

4. 撒上胡椒粉，摆上香菜。

辣椒罗勒汤面

　　用辣椒也可以做出热腾腾的意大利面。辣滋滋的辣椒、美味的洋葱、香喷喷的罗勒青酱，再加上颗粒分明爽口的玉米粒。这是一款吃完后还会念念不忘的辣味美食。如果你在减肥期间只吃沙拉或凉的食物，就用这份汤面暖暖身子吧。

用料

- □ 干豆腐 1包（100g）
- □ 辣椒 2个
- □ 洋葱 1/2个（100g）
- □ 玉米粒 1勺
- □ 无糖豆浆 190 mL
  （或用牛奶、燕麦牛奶）
- □ 水 1/2杯
- □ 罗勒青酱 2/3勺
- □ 马苏里拉芝士 15g
- □ 胡椒粉 少许
- □ 橄榄油 1/2勺

1. 将辣椒、洋葱用剪刀剪成适合食用的大小，放入锅中，将干豆腐放到水里多次清洗。

2. 在平底锅里倒入橄榄油，把洋葱和辣椒一起炒，直到洋葱变成褐色为止。

要想品尝辣乎乎的味道，可以再加一些青阳辣椒粉。

3. 倒入干豆腐、无糖豆浆和水，用中火煮一次。

4. 倒入玉米粒，和罗勒青酱搅拌，用小火轻煮，撒上马苏里拉芝士和胡椒粉。

苏子叶包饭味焗饭

● 早餐　　● 午餐

　　紫菜包饭真的美味，所以每天都想吃，但做紫菜包饭真的很费事。如果是到市场上去买紫菜包饭吃，那里面含的热量真是令人担心。于是我开发出了与之类似的苏子叶包饭味焗饭。苏子叶、紫菜、燕麦片混合加热后，会发现即使是焗饭，也有紫菜包饭的味道，可以满足你想吃紫菜包饭的欲望。食谱中含有丰富的膳食纤维和蛋白质，口味独特，非常受欢迎。

用料

- □ 鸡胸肉 100g
- □ 燕麦片 5勺（30g）
- □ 苏子叶 7片
- □ 泡菜 40g
- □ 紫菜 1张
- □ 水 1杯
- □ 生苏子油 1勺
- □ 芝麻 1/3勺

1. 在耐热容器中加入燕麦片和1/2杯水，用微波炉加热1分钟。

2. 用剪刀将苏子叶、泡菜剪成小块，放入加热好的燕麦片中，用手把鸡胸肉、1/2张紫菜撕开后放入。

3. 将所有食材搅拌均匀，倒入1/2杯水，用微波炉再加热2分钟。

4. 把剩下的1/2张紫菜撕成小块放在上面，洒上生苏子油和芝麻。

（小提示）

普通的苏子油比生苏子油更香，但是高温炒苏子后，在挤压的过程中，营养成分损失很大。相比之下，生苏子油虽然没有普通苏子油的香味，但是含有丰富的 ω-3等营养成分。所以比起普通苏子油，我更喜欢生苏子油。另外，生苏子油有酸败的可能，所以即使贵一些，也推荐刚榨出来的新鲜苏子油。开封后，酸败进行得更快，所以要在冷藏室保存，而且最好在2个月内吃掉，所以要购买小包装的产品。苏子油的沸点低，加热时要用中火快速烹饪或者关火后再使用。因为香味很诱人，可以用作沙拉酱。

夏日拌面

● 早餐　● 晚餐　● 备餐

　　黄瓜有着爽脆的口感和清香的味道，很适宜作为减肥的食材。但是你知道吗？如果用刀把黄瓜拍碎的话，清新的香气和水分会加倍哦。把熟鸡胸肉和黄瓜拌在一起，黄瓜的水分会让干涩的熟鸡胸肉变得柔软。再加上低热量的面拌在一起，即使晚上吃也不用担心了。让我们一起尽情享受夏天的味道吧。

用料

☐ 低卡面条 1袋（150g）

☐ 熟鸡胸肉 100g

☐ 黄瓜 1个

☐ 大蒜 3个

☐ 香菜 29g（或用苏子叶）

☐ 盐 少许

☐ 醋 2勺

☐ 阿洛酮糖 1勺（或用低聚糖）

☐ 生苏子油 1勺

☐ 黑芝麻 1/3勺

把黄瓜、大蒜等用刀拍碎后，会散发出丰富的香气。

1. 去除低卡面条的水分，将熟鸡胸肉撕成适合食用的大小。

2. 将黄瓜用刀使劲拍碎，切成一口能食用的大小，大蒜剁成粗块，香菜切成一口能食用的大小。

香菜叶留一点，摆盘后用作装饰。

3. 在低卡面条、熟鸡胸肉、黄瓜、大蒜、香菜里加入盐、醋、阿洛酮糖、生苏子油、黑芝麻，搅拌均匀。

备餐小提示

魔芋面不会粘在一起，适合备餐。以"所有食材一顿的分量 × N顿饭"来计算制作，此时盐、醋、阿洛酮糖、生苏子油的量减少到70%左右。推荐分成3~4顿的小份。要冷藏保存，凉着吃才更美味。

小提示

普通的魔芋面因为有特殊的香气，可以焯一下使用或炒菜时使用。但是低卡面条里因为加入了鹰嘴豆粉和炒豆粉，去除了魔芋特有的香气，不用洗或焯，只要除去水分就可以食用，非常方便。

燕麦酱油黄油饭

● 早餐　　● 午餐

　　可能因为酱油黄油饭是小时候妈妈经常做的食物，所以什么时候吃都很好吃。但是作为减肥大军的一员，我应该找更健康的食材来代替白米饭吧？这份料理中的燕麦片可以代替米饭，起到碳水化合物的作用，鸡蛋负责补充蛋白质，脂肪由无盐黄油负责补充，再加上充满膳食纤维的卷心菜，是营养和饱腹感最完美的结合。这份饭制作工序简单，能很快就搞定，可以经常做着吃。

用料

□ 燕麦片 4勺（25g）

□ 卷心菜 120g

□ 泡菜 48g

□ 鸡蛋 2个

□ 酱油 1勺

□ 无盐黄油 10g

□ 欧芹粉 少许

把很难定量的小菜单独装在小碗里吃。

1.将卷心菜切成小块，泡菜切成一口能食用的大小。

2.放入卷心菜、燕麦片、鸡蛋和酱油，搅拌均匀。

3.将混合在耐热容器中的食材，用微波炉加热3分钟。

4.撒上欧芹粉，再加入无盐黄油，吃之前拌均匀，再放一些泡菜。

鸡肉蒜香面包杯

● 早餐　● 午餐　● 备餐

　　木斯里（Muesli）是由干燥全谷物、坚果、水果干等组成的健康碳水化合物的代名词。一般混在牛奶或酸奶中吃，或者用于烘焙。但出乎我意料的是，木斯里和熟鸡胸肉、蒜泥也很搭配。品尝一下鸡肉蒜香面包杯就能理解了。意外的组合创造出的"甜咸口"味道，真的非常非常好吃。虽然看起来量少，但会有饱腹感，烹饪方法很简单，所以一定要挑战一下啊。

用料

- □ 熟鸡胸肉 50g
- □ 木斯里 40g
  （或燕麦片、坚果、水果干）
- □ 鸡蛋 2个
- □ 牛奶 1勺
- □ 无盐黄油 5g
- □ 蒜泥 1/3勺
- □ 欧芹粉 1/4勺+少许
- □ 马苏里拉芝士 15g

1. 在耐热容器中加入牛奶、无盐黄油，用微波炉加热15秒，将黄油融化后，放入1个鸡蛋、蒜泥、1/4勺欧芹粉，搅拌均匀，做成面团。

2. 在面团上把熟鸡胸肉撕成适合食用的大小，再放入木斯里，搅拌均匀。

> 为了不让蛋黄在加热时破裂，事先要用叉子扎几下蛋黄。

3. 在混合的食材上打一个鸡蛋，然后撒上马苏里拉芝士。

4. 用微波炉加热2分钟+2分钟，分2次加热，再撒上少许欧芹粉。

备餐小提示

因为面团一共用了2个鸡蛋制作而成，已经有了满满的蛋白质，所以只放了50g熟鸡胸肉。如果担心熟鸡胸肉会剩下，就一次性多做几个备起来。选择适合自己的分量搅拌面团，放入耐热容器中一次性加热后，制作一顿分量的面包杯即可。2~3天内吃的放在冷藏室，以后吃的放在冷冻室，用微波炉解冻后再吃。因为一只手可以握得住，所以在忙碌的早晨可以带一个出去哦。

低碳水炒乌冬面

● 早餐　● 晚餐

● 一锅出料理

　　告诉大家一个好消息！现在减肥的时候也可以吃炒乌冬面了！用魔芋乌冬面代替面粉乌冬面的话，在大晚上吃也不用担心。与普通的魔芋面相比，选择口感更有弹性的魔芋乌冬面，在里面加入充足的蔬菜和虾，味道和营养都很丰富。这也是一份可以让你忍住不去外面就餐的优秀食谱。

用料

☐ 魔芋乌冬面 100g

☐ 虾 4只（98g）

☐ 胡萝卜 1/3个（60g）

☐ 洋葱 1/3个（40g）

☐ 卷心菜 100g

☐ 鸡蛋 1个

☐ 欧芹粉 少许

☐ 辣椒粉 少许

☐ 橄榄油 1勺

● 炒乌冬面酱汁

☐ 辣椒粉 1/3勺

☐ 酱油 1/2勺

☐ 生苏子油 1/2勺

☐ 蚝油 1/2勺

☐ 阿洛酮糖 1勺
    （或用低聚糖）

☐ 冻干蒜立方 3块
    （或用蒜泥1/2勺）

☐ 冻干姜立方 2块
    （或用生姜末1/3勺）

☐ 水 1/2杯

1.在平底锅中倒入1/2勺橄榄油，
煎一个鸡蛋，盛出来放好。

2.把制作炒乌冬面酱汁所用到的食
材搅拌均匀，魔芋乌冬面要连同
袋子一起清洗，去除水分。

胡萝卜、洋葱
用切丝器切更
方便。

3.胡萝卜、洋葱切成丝，用剪刀把
卷心菜剪成一口能食用的大小，
放入锅中。

4.在平底锅里倒入1/2勺橄榄油，
将蔬菜炒熟，再放入虾继续炒。

可以根据自己的
口味，加入适量
的辣椒粉。

5.放入魔芋乌冬面，在大火中翻
炒，直至炒熟。

也可以撒上
木鱼花。

6.放上煎鸡蛋，再撒上欧芹粉。

咸甜大葱味一锅出吐司

● 早餐　　● 午餐

　　大葱、肉桂粉、枫糖浆，看到这些食材你可能会感到惊讶，但只要你吃一口，想法就会改变了。用鸡蛋液包裹起来的全麦面包，加上含肉的三明治火腿！还有大葱的美味和无盐黄油的风味！再撒上肉桂粉，还能调节血糖，提高免疫力。尝过之后一定会念念不忘，不如现在就去尝试一下这个充满魅力和特色的组合吧。

用料

- ☐ 全麦面包 1片
- ☐ 三明治火腿 2片
- ☐ 大葱 15 cm（7g）
- ☐ 鸡蛋 2个
- ☐ 牛奶 2勺
- ☐ 香草盐 少许
- ☐ 无盐黄油 10g
- ☐ 枫糖浆 1 / 2勺
  （或用蜂蜜、椰枣糖浆）
- ☐ 肉桂粉 少许
- ☐ 橄榄油 1 / 3勺

1. 大葱用剪刀轻轻剪断。

用炒菜专用的耐热硅胶铲更方便。

2. 在平底锅里倒入橄榄油，开小火，放入鸡蛋、牛奶、大葱、香草盐，快速搅拌，将食材搅拌均匀。

把面包边上多出来的鸡蛋液沿着面包的边切去，放在面包上，然后翻过来烤。

3. 趁鸡蛋液还没熟，把全麦面包放上去，和鸡蛋液叠在一起烤，然后翻过来继续烤。

4. 在全麦面包上面放上三明治火腿，把全麦面包对折，然后在三明治火腿和鸡蛋之间夹上无盐黄油。

5. 将做好的成品放进盘子里，淋上枫糖浆和撒上肉桂粉。

烤鹰嘴豆和花椰菜

● 早餐　● 晚餐

　　鹰嘴豆在豆类中蛋白质含量高，没有大豆特有的腥味，所以经常使用。这次要用鹰嘴豆，外加有利于减肥的花椰菜，一起制作一道料理。将两种食材都进行烤制，口感会变好，味道也会更好。混着散发香味的调料一起烤制，家里也会散发出香喷喷的味道。这道料理会让你的胃舒服，饱腹感持久，还富有营养，所以可以经常做着吃。

用料

- □ 花椰菜 250g
- □ 泡好的鹰嘴豆 80g
  （或用鹰嘴豆罐头）
- □ 香草盐 1 / 3 勺
- □ 蒜泥 1 / 2 勺
- □ 欧芹粉 1 / 4 勺
- □ 橄榄油 1 勺
- □ 马苏里拉芝士 20g
- □ 烟熏红椒粉 1 / 4 勺

清洗花椰菜的方法可以参考本页下方的小提示部分。

鹰嘴豆要在水中泡 3~4 个小时后使用。

1. 将花椰菜切成一口能食用的大小，装在大碗里。

2. 将花椰菜、泡好的鹰嘴豆、香草盐、蒜泥、欧芹粉、橄榄油搅拌均匀。

如果没有空气炸锅，把食材用平底锅炒一下，放在碗里，再放上马苏里拉芝士，用微波炉加热30秒。

3. 将混合在耐热容器中的食材放入空气炸锅中，180℃烤10分钟。

4. 撒上马苏里拉芝士、烟熏红椒粉，180℃烤5分钟。

小提示

告诉大家一个能将西蓝花和花椰菜洗干净的方法。首先将食材切成一口能食用的大小，放入食用小苏打或醋 1 / 2 勺，在水中浸泡3分钟左右。再用流动的水洗30秒以上，这样就能洗得干干净净了。

香蕉杏仁烤燕麦

●早餐　●午餐　●备餐

　　如果你是面包狂的话，现在就告诉你一个能快速制作的食谱。当你对白糖满满的面包欲望膨胀时，这份料理可以让你愉快地满足对面包的欲望。香蕉健康的甜味，杏仁和无盐黄油的香气，再加上不会让人感到无聊的燕麦片的口感。那种既像打糕又像面包一样软软的筋道的口感简直是一绝。

用料

☐ 香蕉 1个
☐ 燕麦片 4勺（25g）
☐ 杏仁 10颗
☐ 鸡蛋 2个
☐ 牛奶 4勺
☐ 无盐黄油 10g
☐ 盐 少许
☐ 欧芹粉 1/4勺+少许

1. 在耐热容器中放入香蕉，用叉子捣碎，放入鸡蛋、牛奶、燕麦片搅拌均匀，用微波炉加热1分钟。

2. 在加热好的食材中放入无盐黄油、盐、欧芹粉1/4勺，杏仁8颗，搅拌均匀，用微波炉加热1分钟+1分钟+1分钟，分3次加热。

3. 在做好的面包上放上2颗杏仁，撒上少许欧芹粉。

备餐小提示

一次制作3~4顿的量冷冻保存。加热食用，就像刚做出来的一样好吃。

以"所有食材一顿的分量×N顿饭"来计算制作，此时将无盐黄油、盐、牛奶的分量减少到70%也很好吃。

鱿鱼丝蒜泥炒饭

一锅出料理

● 早餐　　● 午餐　　● 备餐

　　大家都知道鱿鱼含有丰富的蛋白质吧？鱿鱼丝是每100g中含有约60g蛋白质的高蛋白食品。鱿鱼丝是把鱿鱼的水分蒸发后加工而成的食品，味道咸咸的，制作时不用另外调味也很好吃。但因为是高蛋白食品，如果乱吃的话可能会长肉哦，所以量的调节是必需的！用适量的鱿鱼丝、鸡蛋和有机豌豆可以同时补充动物蛋白和植物蛋白哦。

用料

- □ 糙米魔芋饭 1包（150g）
- □ 鱿鱼丝 30g
- □ 鸡蛋 1个
- □ 有机豌豆 30g
- □ 蒜泥 1/2勺
- □ 胡椒粉 少许
- □ 橄榄油 1/2勺

1. 在平底锅里倒入橄榄油，把鸡蛋打碎，然后用小火搅拌，做出炒蛋。

2. 鸡蛋半熟就关火，用剪刀把鱿鱼丝剪成小块，放进锅里。

3. 打开中火，放入蒜泥、有机豌豆、糙米魔芋饭炒制。

4. 关火，撒上胡椒粉。

（备餐小提示）

炒饭是备餐一族经常使用的食谱。推荐一次性制作3~5顿的量。

以"所有食材一顿的分量 × N顿饭"来计算制作，橄榄油只要使用50%分量就足够了。为了便于炒制，一开始就要使用又大又深的锅。分成小份，2~3天内吃的放在冷藏室，以后吃的放在冷冻室，用微波炉解冻后再吃。

（小提示）

据说如果加热胡椒粉，致癌物质"丙烯酰胺"的含量会增加10倍以上。当烤制或炒制食物至120℃以上时，一定要最后放入胡椒粉。

西红柿芝士金枪鱼杯饭

●早餐　　●午餐　　●备餐

　　金枪鱼加番茄酱是我喜欢的组合之一。金枪鱼虽然味道香，但稍有不慎就会变得很油腻，而番茄酱与之形成鲜明的对比，有着香甜爽口的味道。二者的组合就像时尚明星一样，能够很有感觉地融合在一起。加入魔芋饭和鸡蛋，可以增强口感，再放入洋葱，能够让人有咀嚼的感觉。用马苏里拉芝士和牛奶提味，用微波炉烹饪，不用那么费事，这顿饭也会很好吃。

用料

- ☐ 魔芋饭 100g
- ☐ 金枪鱼罐头 100g
- ☐ 洋葱 1/5个（40g）
- ☐ 西红柿 1/2个（100g）
- ☐ 鸡蛋 1个
- ☐ 番茄酱 1勺
- ☐ 牛奶 6勺
- ☐ 香草盐 少许
- ☐ 马苏里拉芝士 25g
- ☐ 欧芹粉 少许

1. 将洋葱、西红柿切碎，用勺子把金枪鱼的油压出来。

2. 加入洋葱、西红柿、金枪鱼、魔芋饭、番茄酱、牛奶、香草盐、马苏里拉芝士10g，搅拌均匀。

在食材的中间部分稍微挖个洞，放上鸡蛋，用叉子在蛋黄上扎几下，以免加热时破裂。

3. 将混合好的食材装在耐热容器中，上面打一个鸡蛋，撒上15g马苏里拉芝士。

4. 盖上保鲜膜，用微波炉加热2分钟+2分钟+2分钟，分3次加热，撒上欧芹粉。

备餐小提示

在制作大量用于备餐的杯饭的时候，使用微波炉很麻烦，所以最好采用像炒饭一样在火上炒的方法。以"所有食材一顿的分量×N顿饭"来计算制作，牛奶的使用可以减少到70%分量。这时在平底锅里倒入橄榄油，先炒洋葱和西红柿，就会炒出香喷喷的味道。鸡蛋可以做成煎鸡蛋放在上面，或者做成炒蛋，和饭再一起炒。在小份的炒饭上撒马苏里拉芝士和欧芹粉，2~3天内吃的放在冷藏室，以后吃的放在冷冻室。

LOW CARBOHYDRATE

HIGH PROTEIN

DIET RECIPES

第二章

减肥的时候也不用戒掉米饭！

超简单的一碗饭料理

大多数人的主食都是米饭。所以有句俗语说"人靠吃饭活着"。

看到刚煮好的热腾腾的饭，想想就要流口水。

然而当你减肥的时候，应该避免吃含有高碳水化合物的米饭。

但如果不吃米饭，又会感觉更饥肠辘辘，食欲爆棚。

所以为了和我一样热爱米饭的饭友们，这一章将会介绍各种各样的减肥饭料理。

今后可以选用迪迪米妮超简单的一碗饭料理，在保证健康的同时，

还能够顺利地减肥。让我们一起吃饭减肥吧！

辣葱炒饭

● 早餐　　● 午餐　　● 备餐

　　多准备一些大葱，再放一点辣辣的泡菜一起炒，即使不添加调料，也能闻到浓浓的香味。当然，这款料理不仅香气诱人，就连味道也很棒。吃饭不能少了蛋白质，所以加入了鱼肉含量高的鱼饼，有嚼劲儿，再加入芝士，增加了香气。又辣又香的组合，不仅保证了营养，味道还会让人一吃就上瘾。

用料

- □ 魔芋饭 1包（150g）
- □ 大葱 35 cm（75g）
- □ 泡菜 40g
- □ 鱼饼 130g
- □ 辣椒粉 1 / 3勺
- □ 芝士 1片
- □ 是拉差辣椒酱 1 / 2勺
- □ 芝麻 1 / 3勺
- □ 橄榄油 1 / 2勺

进购鱼饼时，尽量选择鱼肉含量高的产品，保证蛋白质摄取量。

1. 将大葱切碎，泡菜切碎，鱼饼切成一口能食用的大小。

2. 热锅倒入橄榄油，将大葱充分炒香，再加入泡菜、鱼饼翻炒。

可以将大葱碎放在芝士上做装饰。

3. 放入魔芋饭翻炒后，再放辣椒粉搅拌均匀。

4. 把炒饭放入碗中，放一片芝士，再加入是拉差辣椒酱和芝麻。

备餐小提示

炒饭时可以做3~5顿的量，以"所有食材一顿的分量×N顿饭"来计算制作，但泡菜用总量的70%，橄榄油用总量的50%就够了。可以选择用大锅炒，把近期2~3天吃的放在冷藏室里，以后吃的放在冷冻室里进行保存。

小提示

鱼饼中面粉含量很高，所以尽量购买鱼肉含量高的产品。

干豆腐华夫饼拼盘

● 早餐　● 午餐　● 晚餐

▶ 使用醋拌黄瓜（244页）

　　干豆腐比一般的豆腐水分少，口感硬，是独具魅力的食材。
　　所以我产生了一个有趣的想法。用干豆腐蘸鸡蛋液，放到华夫饼锅和
帕尼尼烤架上烤，就做出了高蛋白干豆腐华夫饼！这款料理和杂粮饭、清
脆酸甜的醋拌黄瓜是绝配，将会让你念念不忘。

用料

□ 杂粮饭 100g

□ 干豆腐 1包（100g）

□ 鸡蛋 1个

□ 醋拌黄瓜 120g（参考244页）

□ 整粒芥末籽酱 1/2勺

□ 是拉差辣椒酱 1/2勺

□ 黑芝麻 1/3勺

□ 橄榄油 1/2勺

1. 干豆腐冲洗后沥干水分，与鸡蛋搅拌均匀。

如果没有华夫饼锅，可以将步骤1的料放入平底锅，用锅铲压实，将两面煎至黄色。

2. 华夫饼锅上抹橄榄油，将一半的料放入锅中，用中小火烤制，做出2张华夫饼。

如果用挖冰勺挖杂粮饭的话，可以做出像饭店一样的摆盘哦。

3. 在盘中放入干豆腐华夫饼、杂粮饭、醋拌黄瓜、整粒芥末籽酱，华夫饼上涂抹是拉差辣椒酱，在醋拌黄瓜和杂粮饭上撒黑芝麻。

韩式炒杂菜金针菇盖饭

● 早餐　　● 午餐　● 备餐

　　韩式炒杂菜不管什么时候吃都很好吃，但是杂菜中的粉条是用地瓜淀粉做的，是一种碳水化合物，所以减肥时应避免过多摄入，可以用金针菇代替粉条，就能制作出含有丰富蛋白质和膳食纤维的炒杂菜。搭配杂粮饭和煎鸡蛋，味道会更好！

用料

- □ 杂粮饭 100g
- □ 金针菇 1把（130g）
- □ 菠菜 1/2把（30g）
- □ 洋葱 1/5个（30g）
- □ 胡萝卜 1/6个（30g）
- □ 猪肉 90g（杂菜用）
- □ 鸡蛋 1个
- □ 蒜泥 1/2勺
- □ 酱油 1勺
- □ 阿洛酮糖 1勺
  （或用低聚糖）
- □ 生苏子油 1勺
- □ 胡椒粉 少许
- □ 芝麻 少许
- □ 橄榄油 1/3勺+1/2勺

把猪肉切丝后
再使用.

1. 金针菇、菠菜要去除根部，切成适合食用的大小，洋葱、胡萝卜要切成丝，要准备做杂菜用的猪肉丝。

2. 平底锅中放入1/3勺橄榄油，煎一个鸡蛋。

3. 热锅后加入1/2勺橄榄油，再放入猪肉、洋葱翻炒，洋葱炒至透明后，放入胡萝卜、金针菇、蒜泥、酱油、阿洛酮糖，用大火进行翻炒。

4. 猪肉炒熟后，放入菠菜，快速翻炒后淋上生苏子油，撒上胡椒粉，搅拌均匀。

5. 碗中放入杂粮饭、炒杂菜、煎鸡蛋，最后撒上少许芝麻。

备餐小提示

大型超市里卖的猪肉一般都是400到600g为一包，所以做完饭，肉会剩下很多。这个时候推荐做备餐。这道菜即使做备餐也很好吃，而且主料金针菇解冻后，仍含有丰富的壳聚糖。壳聚糖可以帮助分解体内脂肪。

以"所有食材一顿的分量×N顿饭"来计算制作，我们可以计算出食材的用量，但我们只需要50%的橄榄油。分装后冷冻保存，及时解冻后食用。

辣炒猪肉味奶油焗饭

● 早餐　　● 午餐　　● 备餐

　　猪后腿肉脂肪少，蛋白质含量高，减肥时吃起来完全没有压力。与其他部位相比，口感有点柴，不过切成一口能食用的小块，用来制作奶油焗饭的话，口感会很松软，味道更好。用家中常备的调料，做出越嚼越有味道的辣炒猪肉味奶油焗饭，在让你肠胃舒服的同时，更回味无穷。

用料

- □ 燕麦片 5勺（30g）
- □ 猪肉 130g（后腿肉）
- □ 洋葱 1/4个（65g）
- □ 泡菜 40g
- □ 牛奶 2/3杯
- □ 水 1/2杯
- □ 蒜泥 1/2勺
- □ 马苏里拉芝士 10g
- □ 辣椒粉 1/3勺
- □ 胡椒粉 少许
- □ 橄榄油 1/2勺

1. 将洋葱、泡菜切成大块，猪肉切成一口能食用的大小。

2. 热锅倒入橄榄油，加入洋葱、蒜泥、泡菜和猪肉，炒熟。

作为晚餐时，可以减少燕麦片的量，可以多吃花椰菜，减少碳水化合物的摄入。

3. 洋葱炒至半透明状，加入燕麦片、牛奶和水，搅拌至收汁。

把大葱切成葱末，然后用于摆盘，或者也可以根据自己的喜好加入辣椒粉、胡椒粉。

4. 关火，加入马苏里拉芝士、辣椒粉、胡椒粉，搅拌均匀。

备餐小提示

焗饭和炒饭是备餐的代表推荐菜单之一。以"所有食材一顿的分量×N顿饭"来计算制作，牛奶和橄榄油的用量可以减少20%~30%。食材分装好，2~3天内吃的放在冷藏室，以后吃的放在冷冻室。

蟹肉棒纳豆波奇饭

● 早餐　● 午餐

　　这次给大家介绍一款蟹肉棒纳豆波奇饭。五颜六色的摆盘让人赏心悦目。酸酸甜甜的味道和丰富的口感，俘获了很多人的味蕾。波奇饭是将金枪鱼、三文鱼等生鱼片切成丁，配上各种蔬菜制作而成的夏威夷式生鱼片盖饭。用蟹肉棒代替生鱼片，在家就可以很方便地享用波奇饭了。用健康的膳食纤维制作而成的波奇饭，无论是谁，吃完都会很喜欢。

用料

- □ 杂粮饭 120g
- □ 蟹肉棒 1个
- □ 洋葱 1/5个（25g）
- □ 菠萝 50g
- □ 海带 100g
- □ 纳豆 1盒
- □ 墨西哥辣椒 6个（12g）
- □ 飞鱼蛋 1勺
- □ 火麻仁 1/3勺

● 醋拌海带
- □ 海带 210g
- □ 蒜泥 1勺
- □ 糙米醋 4勺
- □ 阿洛酮糖 2勺
  （或用低聚糖1/2勺）
- □ 盐 少许
- □ 芝麻 1/2勺

● 芥末蛋黄酱
- □ 植物蛋黄酱 1勺
  （或用半油蛋黄酱）
- □ 芥末 1/3勺

波奇饭中只使用100g海带，剩下的可以当咸菜吃。

1. 醋拌海带中使用的海带需要在水中多次冲洗，去掉盐分，然后用剪刀剪成适合食用的大小，再用糙米醋拌匀。

2. 洋葱要切丝，菠萝要切成一口能食用的大小，蟹肉棒要撕成条，用芥末蛋黄酱拌匀。

3. 纳豆搅拌均匀，把杂粮饭放入碗中。

4. 杂粮饭上面放醋拌海带100g，飞鱼蛋、菠萝、墨西哥辣椒、洋葱，把纳豆和蟹肉棒放在中间。

可以用芥末蛋黄酱拌匀后食用。

5. 撒上火麻仁，搭配芥末蛋黄酱。

米纸炒饭

● 早餐　● 晚餐　● 备餐

　　如果喜欢劲道的口感，请关注下这个食谱吧！首先加入由谷物粉末制作的植物素肉和大量的蔬菜进行翻炒，最后加入这道菜的亮点——一片一片的糙米纸。烹饪过后就变成了没有米饭的炒饭。加入了大量的植物蛋白质，减少了碳水化合物，还有淡淡的咖喱香味，是一份魅力满满且与众不同的炒饭，一定要试做一下哦！

用料

☐ 糙米纸 2张

☐ 豆制素肉 100g（或植物素肉）

☐ 卷心菜 110g

☐ 洋葱 1/4个（80g）

☐ 泡菜 40g

☐ 辣椒 1个

☐ 咖喱粉 1/2勺

☐ 芝麻 1/4勺

☐ 橄榄油 1/2勺

1. 卷心菜、豆制素肉切成一口能食用的大小，洋葱、泡菜切丁，把辣椒切成薄片。

2. 热锅倒入橄榄油，放入洋葱、辣椒翻炒后，继续加入卷心菜、豆制素肉、泡菜进行翻炒。

糙米纸要炒至变软。

3. 用手或剪刀将糙米纸撕成小块，撒上咖喱粉进行翻炒。

4. 装盘，撒上芝麻。

备餐小提示

植物素肉是冷冻产品，需要解冻后再使用。但是解冻后不要再冷冻，且在几天内需要吃完。所以建议一次性多做一些，然后分装。就像做炒饭一样，在又大又深的锅里，以"所有食材一顿的分量×N顿饭"来计算制作，橄榄油只用50%分量就够了。分装后放在冷藏室，2~3天内吃完即可。

沙拉拌饭

● 早餐　● 晚餐

　　大家都知道在减肥的时候要摄取足够的蔬菜，但是把蔬菜洗净、整理、保存起来是件很麻烦的事。所以我喜欢购买将各种蔬菜洗净切好的蔬菜组合。用流水洗净各种蔬菜，放在杂粮饭上。再配上纳豆和少许泡菜，拌着吃，满嘴都是新鲜的味道，是一款绝对不会吃腻的拌饭。

用料

□ 杂粮饭 80g

□ 蔬菜组合 100g

□ 纳豆 1盒

□ 豆腐 1/3块（100g）

□ 泡菜 50g

□ 鸡蛋 1个

□ 纳豆酱油 1勺

□ 生苏子油 1勺

□ 橄榄油 1/3勺

泡菜切成小块。

1. 冲洗蔬菜组合，沥干水分，纳豆搅拌均匀，豆腐用水冲洗后切成一口能食用的大小。

2. 在平底锅中倒入橄榄油，煎一个鸡蛋。

3. 碗中按照顺序装入杂粮饭、豆腐、蔬菜组合、纳豆、煎蛋，洒上纳豆酱油、生苏子油，搭配泡菜吃。

牛油果蟹肉棒焗饭

● 早餐　　● 午餐　　● 备餐

　　牛油果因其柔软而香滑的口感被称为"森林中的黄油"，在各种菜肴中，特别是在焗饭里，放入牛油果后，味道就不亚于高级餐厅里口感细腻的鲜奶油料理了。再加上软糯的蟹肉棒和香喷喷的鸡蛋，含有丰富的蛋白质，可以请自己吃一顿丰盛的大餐了。

用料

- 魔芋饭 1包（150g）
- 牛油果 1 / 2个
- 鸡蛋 1个
- 蟹肉棒 2个
- 洋葱 1 / 4个（40g）
- 辣椒 1个
- 黑橄榄 2个
- 燕麦牛奶 1杯
  （或用牛奶、无糖豆浆）
- 香草盐 少许
- 胡椒粉 少许
- 帕达诺干芝士 少许
  （或用帕玛森芝士粉）
- 橄榄油 1 / 2勺

1. 洋葱、辣椒切成适合食用的大小，牛油果去皮，切成一口能食用的大小，黑橄榄切成片。

2. 将鸡蛋的蛋黄、蛋清分开，蟹肉棒按纹理撕开。

煮至汤汁变浓稠.

3. 热锅倒入橄榄油，将洋葱、辣椒炒熟，加入魔芋饭、蟹肉棒、牛油果、黑橄榄、蛋清、燕麦牛奶，搅拌煮沸。

4. 撒上香草盐、胡椒粉，拌匀，关火。

备餐小提示

焗饭和炒饭是备餐的代表推荐菜单之一。以"所有食材一顿的分量×N顿饭"来计算制作，牛奶和橄榄油的用量可以减少20%~30%。按每顿饭的量将食材分装好，2~3天内吃的放在冷藏室，以后吃的放在冷冻室。

虽然可以用芝士粉，但是用固体芝士直接磨碎后撒上的话，味道会更好.

5. 放在碗里，把帕达诺干芝士磨碎，撒到饭上面，然后在饭中间放上蛋黄。

米纸煎蛋卷

● 早餐　● 晚餐

　　松软的鸡蛋料理——煎蛋卷，现在有一种更简单、更有趣的做法哦。如果在一个不容易成形的煎蛋饼上加上一张糙米纸，折叠煎蛋卷时不会出现撕裂或失败的情况，而且口感会更筋道、更好吃。用蔬菜和金针菇轻轻地填满煎蛋卷，口感和味道都非常好。现在，煎蛋卷也可以用迪迪米妮的方法做得简单美味了！

用料

- ☐ 糙米纸 3张
- ☐ 金针菇 100g
- ☐ 辣椒 1个
- ☐ 鸡蛋 2个
- ☐ 冷冻蔬菜组合 100g
- ☐ 玉米粒 1勺
- ☐ 番茄沙司 1勺
- ☐ 芝士碎 20g
- ☐ 番茄酱 1勺
  （或用无糖番茄酱）
- ☐ 欧芹粉 少许
- ☐ 橄榄油 1/3勺+1/2勺

炒至金针菇断生。

1. 金针菇去掉根部，分成4份，辣椒切成薄片，鸡蛋打匀。

2. 在热锅中倒入1/3勺橄榄油，将金针菇、冷冻蔬菜组合、辣椒、玉米粒炒熟，再加入番茄沙司，炒熟后备用。

3. 糙米纸在温水中浸泡片刻，然后取出，摊开。

4. 将1/2勺橄榄油倒入热锅中，开小火，将3张糙米纸放在锅中，将蛋液倒入锅中。

小提示

每次买的蔬菜都吃不完，当你懒得处理的时候，可以选用冷冻蔬菜组合。在选择含有玉米或豆类的冷冻蔬菜组合的时候，记得要选择有机产品，这样可以避免转基因食品。

可以选用无添加的有机番茄酱，或用无糖番茄酱。

5. 当鸡蛋熟到一半时，把炒好的蔬菜放在鸡蛋中间的部分，撒上芝士碎，等芝士稍微融化后，再把煎蛋饼的四周折叠起来。

6. 给煎蛋卷定型，将有鸡蛋折边的地方扣在盘子上，淋上番茄酱、欧芹粉。

垂盆草拌饭

● 早餐　● 午餐

　　每当寒冬过后，和煦的春风吹起，我就会想起垂盆草拌饭。

　　既苦涩又柔软的垂盆草，是一种含有减肥者必备的高蛋白质、高钙、维生素C等的时令春菜。这个食谱不是简单的拌饭，而是一种甜咸口的，和大酱完美搭配的超棒拌饭，大家可以经常用便宜又好吃的垂盆草做着吃。

用料

□ 杂粮饭 120g
□ 垂盆草 2把（50g）
□ 纳豆 1盒
□ 鸡蛋 1个
□ 橄榄油 1/3勺

● 甜咸大酱
□ 蒜泥 1/4勺
□ 大酱 1/3勺
□ 生苏子油 1勺
□ 枣椰糖浆 1/2勺
　（或用蜂蜜、青梅）

1.洗净垂盆草，用筛子沥干，纳豆
　搅拌均匀。

2.在热平底锅里倒入橄榄油，做一
　个煎蛋。

3.把甜咸大酱拌匀。

4.碗里装杂粮饭、垂盆草、纳豆、
　煎蛋，再配上甜咸大酱。

浒苔饭团

● 早餐　　● 午餐

作为海带和海藻类的一种，浒苔含有丰富的维生素、钾、铁等元素，最近随着其多种功效被大众知晓，逐渐成了人气食材。浒苔对身体有好处，再配上金枪鱼罐头和鳕鱼子酱，就可以做出有大海那种高级味道且健康的饭团。要捏成一口大小的饭团其实很费工夫，但是舀着吃的饭团即使在忙碌的早晨也能很方便地做好。

用料

- □ 杂粮饭 120g
- □ 烤浒苔 1张
  （或用紫菜包饭专用紫菜）
- □ 金枪鱼罐头 1个（100g）
- □ 洋葱 1/5个（28g）
- □ 无糖酸奶 2勺（38g）
- □ 鳕鱼子酱 1/2勺+少许
  （或用明太鱼子酱）
- □ 生苏子油 1勺
- □ 芝麻 1/2勺

1. 金枪鱼需用勺子按压去掉多余油脂，洋葱切丝，烤浒苔撕成小块。

2. 金枪鱼、洋葱、无糖酸奶、1/2勺鳕鱼子酱拌匀，做成饭团馅料。

加入生苏子油、芝麻拌匀。

4. 碗里只放一半杂粮饭，中间稍微开个洞，放上饭团馅料，用剩下的杂粮饭盖好。

5. 在杂粮饭上撒密密麻麻的烤浒苔，中间放少许鳕鱼子酱。

（ 小提示 ）

对我们可能有点陌生的鳕鱼子酱是瑞典的大众食品。

将熏制好的鳕鱼子加工成糊状的产品，就像明太鱼子酱一样，但它有熏香，味道更好。在欧洲，经常和面包、鸡蛋、牛油果搭配在一起吃。如果一下子吃了很多，可能会觉得咸，所以在拌饭时少放一点拌着吃，或者配意大利面、烩饭等食用。让食物散发出香味是我的秘诀哦。

烧烤味天贝焗饭

● 早餐　● 午餐　● 晚餐

　　在用豆子发酵而制成的食品中，韩国有大酱，日本有纳豆，印度尼西亚有天贝。每100g天贝的蛋白质含量约为19g，是植物性高蛋白食品。味道不像大酱或纳豆那样浓郁，适合做各种料理。我将天贝涂上烤肉酱，做出了烤肉味十足的天贝料理。买天贝的时候，要选择没有转基因的国产大豆或者有机大豆做的天贝哦。

用料

- ☐ 燕麦片 4勺（25g）
- ☐ 天贝 100g
- ☐ 洋葱 1/2个（85g）
- ☐ 鸡蛋 1个
- ☐ 烤肉酱 1+1/2勺
- ☐ 酱油 1/2勺
- ☐ 生苏子油 1勺
- ☐ 水 1杯
- ☐ 欧芹粉 少许
- ☐ 橄榄油 1/2勺

1. 洋葱切成小块，天贝切成薄片。

2. 将天贝涂上烤肉酱，放在热锅中，用中小火烤至金黄色。

3. 把橄榄油倒入热平底锅，加入洋葱，炒至褐色。

4. 加入水、燕麦片和鸡蛋，然后搅拌至变浓稠。关火，加入酱油，加入生苏子油拌匀。

5. 把焗饭放在碗中，把烤肉味的天贝放好，撒上欧芹粉。

小提示

当你买市售食材的时候，要仔细查看成分表。最好选择健康的产品。

豆腐蛋黄酱沙拉饭

● 早餐　　● 午餐　　● 晚餐

▶ 使用豆腐蛋黄酱（238页）

　　对减肥者来说，鸡胸肉沙拉是一种必吃的食物，但是同一种沙拉也可以有更好吃的办法。颗颗爆汁的玉米粒、杂粮饭，外加亲自做的香喷喷的豆腐蛋黄酱，把酱油、苹果醋和海苔放进去拌着吃。这样一来，即使用已经吃腻的鸡胸肉沙拉，也能做出每天都会想吃的沙拉饭。

用料

- 杂粮饭 100g
- 熟鸡胸肉 100g
- 蔬菜组合 1+1/2把（100g）
- 洋葱 1/5个（25g）
- 海苔 1/2张
- 玉米粒 1勺
- 豆腐蛋黄酱 2勺
  （参考238页）
- 酱油 1/2勺
- 苹果醋 1/2勺

1. 将蔬菜组合洗净切好后沥干水分，洋葱切丝。

2. 熟鸡胸肉加热后，撕成细丝，用剪刀将海苔剪细。

3. 把杂粮饭放入碗中，加入蔬菜组合、玉米粒、洋葱、熟鸡胸肉和海苔。

可以根据自己的口味一点点地加入豆腐蛋黄酱、酱油和苹果醋拌着吃。

4. 放入豆腐蛋黄酱、酱油和苹果醋。

LOW CARBOHYDRATE

HIGH PROTEIN

DIET RECIPES

第三章

减肥的时候也不用戒掉面包！
饱腹感满满的面包和三明治

减肥的时候不能吃面包吗？面包是面粉做的，所以不能吃，对吧？

这句话说得对，但也不完全正确。

减肥期间可以选择全麦或全谷物面包。

里面含有碳水化合物、蛋白质、脂肪，还含有膳食纤维等对身体有益的材料，

这样一来将比任何食物都更有营养，也更健康。

饱腹感满满让人想不起来吃饭，味道丰富的三明治和吐司，

可以作为丰盛的早午餐，同时给你的眼睛和嘴充分的享受，

美味又营养的面包可以让你感觉幸福满满。

苹果布里芝士开放式三明治

● 早餐

苹果和布里芝士的组合是甜咸口味的最佳组合。

全麦面包配上苹果、布里芝士和火腿，再配上半熟煎鸡蛋，把蛋黄打散，开放式三明治就完成了。味道和外观都不会输给咖啡馆售卖的三明治。

清香的芝麻菜和把所有的原料都融合在一起的整粒芥末籽酱，可以将整体味道提升一个层次。

用料

☐ 全麦面包 1片

☐ 苹果 1/4个

☐ 布里芝士 1/4块（30g）

☐ 鸡蛋 1个

☐ 火腿 2片

☐ 芝麻菜 1把（15g）

☐ 整粒芥末籽酱 1/2勺

☐ 阿洛酮糖
  （或用低聚糖）1勺

☐ 橄榄油 1勺

苹果带皮切成薄片.

1.将苹果、布里芝士切成薄片，将整粒芥末籽酱、阿洛酮糖混合成酱汁。

2.热锅倒入橄榄油，制作一个煎蛋，在同一个平底锅里煎火腿、全麦面包。

芝士会被平底锅和食材的热气融化，所以很好吃.

3.在全麦面包上涂酱汁，放上火腿和布里芝士。

4.全麦面包装盘，放上煎蛋、苹果和芝麻菜。

小提示

100%全麦、黑麦、有机小麦面包可以一两片分装在一起后密封，冷冻保存，可以放很久。尽量一餐只吃一片，晚上不要吃，一天不要超过两片。

低碳水玉米芝士面包

● 早餐　● 午餐　● 零食　● 备餐

颗颗饱满的玉米粒！香浓拉丝的芝士！这个芝士面包想想都觉得好吃得不得了。减肥时也可以吃个够。用适量的有机玉米粒和100％的天然芝士，还有杏仁粉和鸡蛋，做成了松软的低碳水面包。只要把所有的食材混合在一起就能完成，而且可以一次多做一些，便于日后忙的时候能够简单地吃上一顿。

用料　　2~3顿的量

- □ 玉米粒 2勺 + 1/2勺
- □ 洋葱 1/5个（30g）
- □ 青椒 1/5个（20g）
- □ 鸡蛋 2个
- □ 马苏里拉芝士 20g
- □ 杏仁粉 4勺
- □ 植物蛋黄酱 2勺
  （或用半油蛋黄酱）
- □ 阿洛酮糖 1勺
  （或用低聚糖）
- □ 盐 少许
- □ 橄榄油 1/2勺

玉米粒选用的是有机玉米粒。

1. 将洋葱、青椒切碎，鸡蛋打散。

2. 在鸡蛋液中加入2勺玉米粒，再加洋葱、青椒、杏仁粉、植物蛋黄酱、阿洛酮糖、盐拌匀，最后拌入15g马苏里拉芝士。

3. 在硅胶模具上涂橄榄油，倒入面糊，用空气炸锅在170℃烘烤15分钟。

4. 翻转烤盘，取出面包，放入1/2勺玉米粒和5g马苏里拉芝士，在170℃的空气炸锅中烘焙5分钟。

备餐小提示

当正餐时可以吃1~2次，当零食时可以吃3次以上。增加食材，可以多做一些，然后烤熟，这样就可以在忙的时候代餐了。2~3天内吃的放在冷藏室，以后吃的放在冷冻室保存，加热后吃。

虾蛋吐司

● 早餐　● 午餐　○ 零食

　　圆润的虾和松软的鸡蛋饼，这两种食材分开吃本身就很好吃，如果一起吃，味道和营养会更加丰富。有点像东南亚食物，是高蛋白的健康组合，每一口都能感受到有趣的口感，堪称完美的搭配。玉米粒和无糖草莓酱即使用量很少，却也能展现甜蜜的魅力，一定要加进去哦！

用料

2顿的量

☐ 全麦面包 2片

☐ 鸡蛋 3个

☐ 虾 4只

☐ 生菜 6张

☐ 玉米粒 1勺

☐ 芝士 1片

☐ 无糖草莓酱 1/2勺

☐ 橄榄油 1/2勺

1. 鸡蛋打好，冻虾洗净放入温水中解冻，生菜洗净沥干。

2. 热锅后倒入橄榄油，开小火倒入一半的鸡蛋液，放上虾、玉米粒，把鸡蛋煎成面包大小，两面煎熟后盛出。

3. 在同一个平底锅里倒入剩下的鸡蛋液，用小火煎成面包大小。把上一步盛出的鸡蛋叠在一起，做成厚厚的虾蛋。

4. 在锅里放全麦面包，两面煎至焦黄。

小提示

因为颜色相似，很多人认为硅油纸和硫酸纸是一样的，但是它们俩的用途不同。硅油纸在食品纸上有硅涂层，用于制作烤箱或烤盘料理，但上面没有胶带，很难包装食物。

在包装三明治或墨西哥卷饼时，常用一种光滑的包装纸，就是硫酸纸（或牛皮纸）。

包装方法可以参考31页。

5. 铺上硫酸纸，在全麦面包的一面涂上无糖草莓酱，按照芝士→虾蛋→生菜→全麦面包的顺序叠放后包装。

6. 按照6：4的比例分成2份，作为正餐和零食。

希腊风味蟹肉棒三明治

●早餐　●午餐　○零食

▶ 使用希腊酸奶（230页）

　　希腊酸奶和蟹肉棒的组合，是不是很难想象？还是先挑战一下吧！

　　希腊酸奶有奶油芝士的味道。当我第一次制作完成后，高喊了一声，
"完美！"在社交网络上，"#希腊风味蟹肉棒三明治"这个话题也获得了
很多人的喜爱。因为里面放了很多黄瓜和生菜，增添了清新的味道，简直
是超赞的配方，一定要尝一尝哦！

用料 2顿的量

- ☐ 全麦面包 1片
- ☐ 蟹肉棒 4个
- ☐ 希腊酸奶 4勺（80g）
  （参考230页）
- ☐ 鸡蛋 2个
- ☐ 生菜 4片
- ☐ 黄瓜 1/3个（55g）
- ☐ 洋葱 1/5个（30g）
- ☐ 意大利香醋酱 1勺
- ☐ 醋 1/2勺
- ☐ 盐 1/3勺
- ☐ 水 适量

1.鸡蛋放入加醋、盐的水中煮10分钟以上，全熟后用冷水浸泡，去皮切成蛋片。

2.生菜洗净，沥干水分，黄瓜、洋葱切成薄片。

3.蟹肉棒按纹理撕开，加入希腊酸奶拌匀。制作蟹肉馅。

4.在锅里放全麦面包，两面煎至焦黄。

考虑到切开后断面的视觉效果，建议一层一层整齐地放上。

5.铺上硫酸纸，在全麦面包上面放蟹肉馅，洒上意大利香醋酱，按顺序放上黄瓜→鸡蛋→洋葱→生菜，然后包装。

大的当正餐，小的当零食吃，是我的减肥小妙招。

6.可以按照6：4的比例分成2份，作为正餐和零食。

金枪鱼玉米三明治

● 早餐　　● 午餐　　● 晚餐　　● 零食

▶ 使用胡萝卜拉偶（246页）

　　大家都喜欢吃松软的金枪鱼沙拉，但是在减肥过程中，我们可以选用负担更小的植物蛋黄酱和整粒芥末籽酱调味。再配上事先做好的酸脆胡萝卜拉偶，味道搭配在一起堪称完美，3分钟就可以完成的三明治诞生了！在一片全麦面包上放所有食材做成饱腹兼美味的三明治，一顿一个，吃得很开心。

用料

- [ ] 全麦面包 1片
- [ ] 金枪鱼罐头 1个（100g）
- [ ] 玉米粒 1勺
- [ ] 生菜 7片
- [ ] 洋葱 1/5个（30g）
- [ ] 胡萝卜拉佩 90g（参考246页）
- [ ] 芝士 1片
- [ ] 植物蛋黄酱 1勺
  （或用半油蛋黄酱）
- [ ] 整粒芥末籽酱 1/2勺
- [ ] 胡椒粉 少许
- [ ] 水 适量

1. 把金枪鱼放在筛子里，倒入热水，沥干油脂。

2. 生菜洗净，沥干水分；洋葱切成细丝。

3. 将金枪鱼、洋葱、玉米粒、植物蛋黄酱、整粒芥末籽酱和胡椒粉拌匀，做成金枪鱼沙拉馅。

4. 在锅里放全麦面包，两面煎至焦黄。

包装方法可以参考31页。

5. 铺上硫酸纸，依次放上全麦面包→芝士→金枪鱼沙拉馅→胡萝卜丝→生菜，然后打包。

6. 对半切开，一顿吃完。

卷心菜墨西哥卷饼

● 早餐　● 午餐　○ 零食

▶ 使用酸奶卷心菜沙拉（242页）

　　酸奶卷心菜沙拉直接吃很清脆，然而放在全麦墨西哥卷饼里卷着吃，就更好吃了。因为有做好的酸奶卷心菜沙拉，所以大大减少了制作时间，而且鸡蛋饼可以稳稳地支撑住卷饼。所以每个人都可以顺利地卷起来，卖相也可以超过店里卖的卷饼。用健康的食材做出来的卷饼，一定会符合大家的口味。

用料

- 全麦墨西哥卷饼 2张（15cm）
- 酸奶卷心菜沙拉 5勺（100g）
  （参考242页）
- 鸡蛋 2个
- 苹果 1/4个
- 芝士 1片
- 火腿 2片
- 橄榄油 1/2勺

如果煎得时间长，饼就容易碎。

1.鸡蛋打好，苹果带皮切成长丝，芝士切成两块。

2.开中火，在平底锅里快速煎全麦墨西哥卷饼。

请选择猪肉含量高，且不含防腐剂的火腿。

热锅后，在平底锅里倒入橄榄油，转小火倒入鸡蛋液，做成鸡蛋饼。

4.硫酸纸上叠放两张全麦墨西哥卷饼，两张饼的重叠面积占1/3。

5.在全麦墨西哥卷饼上面，依次放上鸡蛋饼→芝士→火腿→苹果→酸奶卷心菜沙拉，然后像卷紫菜包饭一样卷起来。

包装方法请参见30页。

将卷好的卷饼拿到硫酸纸的前端，然后一起卷起来，最后把卷饼的左右两端折叠起来包装。

7.斜着切成2份，一顿吃完。

蘑菇天贝三明治

● 早餐　● 午餐　○ 零食

▶ 使用豆腐蛋黄酱（238页）

　　这是用印尼大豆发酵制作的植物性高蛋白食材——天贝，和富含膳食纤维的蘑菇制成的素食三明治。当"素食"这个词出现时，还有人会认为只吃"草"，但我很想给这些人推荐这个三明治。多种口感，味道和谐，想让肠胃舒服的时候吃这个三明治正好。

用料

- □ 全麦面包 2片
- □ 天贝 100g
- □ 洋葱 1/5个（28g）
- □ 蘑菇 1把（70g）
- □ 长叶莴苣 5片（或用生菜）
- □ 豆腐蛋黄酱 2勺（参考238页）
- □ 意大利香醋酱 2勺
- □ 盐 少许
- □ 橄榄油 1/2勺

1. 洋葱切丝，蘑菇用手撕碎，天贝切成薄片。

2. 热锅后倒入橄榄油，加入蘑菇和天贝，撒上盐煎一下。

如果没有意大利香醋酱，可以将意大利香醋用小火煮至黏稠后使用。

包装方法可以参考31页。

3. 在锅里放全麦面包，两面煎至焦黄，面包的一面抹上豆腐蛋黄酱，洒上意大利香醋酱。

4. 铺上硫酸纸，放一片全麦面包，然后上面依次放洋葱→天贝→蘑菇→长叶莴苣→全麦面包，最后包装。

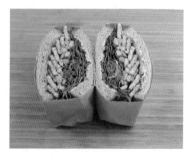

5. 可以按照6：4的比例分成2份，作为正餐和零食。

蜂蜜蒜香酸奶三明治

#迪迪米妮的鸡肉汉堡

● 早餐　● 午餐　零食

▶ 使用希腊酸奶（230页）

　　通过我的社交网络，已经有很多人制作并验证过"迪迪米妮的鸡肉汉堡"！

　　"这是一个健康的三明治，而且有鸡肉汉堡的味道！"所以起名叫蜂蜜蒜香酸奶三明治。蒜泥和低聚糖的甜辣组合，再搭配希腊酸奶和熟鸡胸肉，完美融合在一起，要比鸡肉汉堡更好吃。大家可以尝试一下，然后给我反馈哦！

用料

2顿的量

- □ 全麦面包 2片
- □ 长叶莴苣 7片（或用生菜）
- □ 西红柿 1 / 2个
- □ 熟鸡胸肉 140g
- □ 希腊酸奶 5勺（100g）
  （参考230页）
- □ 蒜泥 1 / 2勺
- □ 低聚糖 1勺
  （或用蜂蜜、阿洛酮糖）
- □ 意大利香醋酱 1 / 2勺

1. 长叶莴苣洗净后沥干水分，西红柿切成圆形。

如果没有低聚糖，可以用低聚果糖、蜂蜜代替。

2. 锅中放入蒜泥、低聚糖，开小火翻炒，制作蜂蜜蒜酱。

3. 在锅里放全麦面包，两面煎至焦黄。

包装方法可以参考P31.

4. 铺上硫酸纸，在全麦面包的一面涂抹蜂蜜蒜酱，然后上面依次放希腊酸奶→西红柿→意大利香醋酱→熟鸡胸肉→长叶莴苣→全麦面包，最后包装。

5. 可以按照6：4的比例分成2份，作为正餐和零食，或者作为早饭和午饭。

鳕鱼子牛油果开放式三明治

牛油果和鸡蛋搭配在一起，会有高级早午餐的感觉。

里面加了无糖酸奶和鳕鱼子酱，可以丰富味道和营养。

将煮熟的鸡蛋、无糖酸奶和鳕鱼子酱捣碎而成的咸嫩鸡蛋沙拉，放在酥脆的全麦面包上，再配上入口即化的牛油果即可食用。

比咖啡馆卖的三明治更有特色，还有很强的饱腹感。

用料

☐ 全麦面包 1片

☐ 鸡蛋 2个

☐ 牛油果 1/2个

☐ 鳕鱼子酱 1/2勺+1/3勺
　（或用明太鱼子酱、黄芥末酱）

☐ 无糖酸奶 1勺

☐ 胡椒粉 少许

☐ 红辣椒碎 少许

☐ 醋 1/2勺

☐ 盐 1/3勺

☐ 水 适量

1. 鸡蛋放入加醋、盐的水中煮10分钟以上，煮熟后放进冷水浸泡，去皮后用叉子捣碎。

2. 在鸡蛋泥中加入1/2勺鳕鱼子酱、无糖酸奶和胡椒粉，搅拌均匀，做成鸡蛋沙拉。

剩余一半带籽的牛油果表面涂满橄榄油，然后籽朝下放入冷藏室，可以保存很久。

3. 牛油果去皮切成薄片，然后轻轻斜压，摆得整整齐齐。

4. 在锅里放全麦面包，两面煎至焦黄，摊开鸡蛋沙拉。

5. 放上牛油果、胡椒粉，撒上红辣椒碎，1/3勺鳕鱼子酱均匀地挤在上面。

蔬菜蟹肉三明治

● 早餐　　● 午餐　　● 晚餐

如果吃够了蔬菜沙拉，想简单地吃一个三明治时，就可以做蔬菜蟹肉三明治。切碎的蔬菜组合和生菜相比，很难放到三明治上，但是如果有豆腐皮，就可以在豆腐皮里面放大量的蔬菜组合，还可以摄取植物性蛋白质。

每层蔬菜之间夹着蟹肉棒和青葡萄是这款三明治的小秘诀，所以一定要放哦！

用料

- □ 全麦面包 1片
- □ 蔬菜组合 2把（110g）
- □ 青葡萄 6个
- □ 熟鸡胸肉 100g
- □ 蟹肉棒 1个
- □ 芝士 1片
- □ 豆腐皮 1张（A4纸大小）
- □ 是拉差辣椒酱 1/2勺

1.蔬菜组合洗净，用筛子沥干水分，青葡萄切成两半，熟鸡胸肉、蟹肉棒按纹理撕成条状。

2.将蔬菜组合和蟹肉棒混合在一起。

3.在锅里放全麦面包，两面煎至焦黄。

4.铺上硫酸纸，按照全麦面包→芝士→青葡萄→熟鸡胸肉的顺序放上去。

小提示

豆腐皮是将豆腐压制后，减少水分制作而成的产品，口感筋道很好吃，可以根据需要切成丝，做凉拌、炒制、包饭等多样的料理。

参考31页的包装法，豆腐皮的边缘可以边包装边自然折叠。

5.豆腐皮铺平，放上蟹肉棒蔬菜组合，把它对折，然后放在三明治上，包装。

6.分成2份，洒上是拉差辣椒酱。

鸡蛋天贝墨西哥卷

● 早餐　● 午餐

　　这款料理是将富有营养的天贝用鸡蛋卷起来制作而成的柔软鸡蛋天贝墨西哥卷，有助于充分摄取植物性蛋白质，多样的蔬菜为你带来观赏的乐趣和咀嚼的快感。

　　鸡蛋天贝墨西哥卷一开始做可能有点麻烦，但做一次就能用健康美味的食材解决两顿饭，很方便。

　　吃起来你就会不由自主地发出感叹，"哇！真好吃啊！"

用料
2顿的量

☐ 全麦墨西哥卷饼 2张（15 cm）

☐ 天贝 100g

☐ 芝士 1片

☐ 鸡蛋 3个

☐ 紫甘蓝 65g

☐ 羽衣甘蓝 7片

☐ 洋葱 1/4个（80g）

☐ 植物蛋黄酱 1勺
　（或用半油蛋黄酱）

☐ 是拉差辣椒酱 1勺

☐ 无糖草莓酱 1/2勺

☐ 橄榄油 1/2勺

1. 将紫甘蓝切成细丝，洗净沥干水分，洋葱切碎。

2. 将天贝切成薄片，芝士分成两半，鸡蛋打匀，拌入洋葱。

3. 热锅倒入橄榄油后，先只倒入1/3的鸡蛋液，摆上天贝，把它卷起来。

4. 再倒入鸡蛋液，然后加一些天贝，再卷起来，重复3～4次，做成天贝鸡蛋卷。

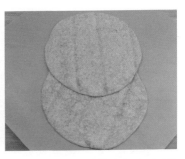

5. 在平底锅里快速煎全麦墨西哥卷饼，在硫酸纸上叠放两张全麦墨西哥卷饼，重叠面积占1/3。

6. 在全麦墨西哥卷饼上放4片羽衣甘蓝，抹上无糖草莓酱，然后依次放上芝士→紫甘蓝→植物蛋黄酱→是拉差辣椒酱→天贝鸡蛋卷→3片羽衣甘蓝。

包装方法可以参考30页。

7. 卷成卷后放到硫酸纸的前端，和硫酸纸一起卷起来，然后把左右折叠起来，再卷起来包装。

8. 可以按照6：4的比例分成2份，作为正餐和零食。

豆腐芝士樱桃三明治

● 早餐　　● 午餐　　○ 零食

▶ 使用豆腐芝士（236页）

　　味道好、口感好、营养丰富的豆腐芝士可以在很多料理中使用。这次我想在豆腐芝士那筋道且咸咸的味道上，再加上一些清爽甜美的口味，所以搭配了樱桃，再搭配全麦面包，构成了梦幻般的豆腐芝士樱桃三明治。虽然是健康又减脂的素食三明治，但是除了漂亮的外形以外，味道也很不错，和真正的芝士一样，拥有黏稠的质感，口味非常独特。

□ 全麦面包 2片
□ 豆腐芝士 200g（参考236页）
□ 樱桃 7~8个

1. 樱桃摘掉蒂，从中间切成两半，然后去核。

2. 全麦面包放入锅中煎至两面焦黄。

摆放樱桃时，可以根据面包片的大小，紧凑地摆放。

包装方法可以参考31页。

3. 铺上硫酸纸，在一片全麦面包上放100g豆腐芝士，在上排和下排放上8~10块被分成两半的樱桃。

4. 在剩下的一片全麦面包上，放上剩下的豆腐芝士，把樱桃摆放在上面，盖上面包，横着切开分成2份。

樱桃的切面朝上，像心形很好看。

5. 在三明治切开的断面上，放上剩下的樱桃。

纳豆苹果开放式三明治

● 早餐

　　由于纳豆特有的香味，不太喜欢吃纳豆的朋友可以用这个配方迈出第一步哦！清脆爽口的苹果加上整粒芥末籽酱的组合，掩盖了纳豆特有的香味。另外，煮熟的鸡蛋将所有食材包裹在一起，一片香浓的芝士和一把清新的嫩叶菜让三明治更完美。这款三明治早上可以作为轻食，味道、营养、颜值都很不错。

用料

- □ 全麦面包 1片
- □ 鸡蛋 1个
- □ 苹果 1/4个（50g）
- □ 嫩叶菜 1把（5g）
- □ 纳豆 1盒
- □ 芝士 1片
- □ 整粒芥末籽酱 1/2勺
- □ 醋 1/2勺
- □ 盐 1/3勺
- □ 水 适量

1. 鸡蛋放入加醋、盐的水中煮10分钟以上，到达全熟的状态，用冷水浸泡后去皮。

2. 苹果连皮切丝，嫩叶菜洗净，过筛沥干。

3. 鸡蛋用叉子捣碎，加入纳豆、苹果和整粒芥末籽酱拌匀，做成纳豆苹果沙拉。

将全麦面包的一面煎热后，翻面马上放上芝士，全麦面包的余热可以适当地融化芝士。

4. 把全麦面包放在锅里烤至焦黄，然后放上芝士。

5. 把全麦面包放在盘子里，放上纳豆苹果沙拉、嫩叶菜。

鸡蛋沙拉三明治

● 早餐　● 午餐　○ 零食

　　口感软糯的鸡蛋沙拉三明治应该没有人不喜欢吧？

　　再加入洋葱和黄瓜，更增加了清香的味道！牛油果，可以增加健康的脂肪；无糖草莓酱，增加自然的甜味。这样一来，就再也不用羡慕三明治店的料理了，自己也可以做一个口味特别的鸡蛋沙拉三明治了。

用料　　2顿的量

- □ 全麦面包 2片
- □ 煮鸡蛋（半熟蛋）3个
- □ 洋葱 1/4个（50g）
- □ 黄瓜 1/3个（55g）
- □ 牛油果 1/2个
- □ 芝士 1片
- □ 无糖草莓酱 1/2勺
- □ 植物蛋黄酱 1勺
  （或用半油蛋黄酱、无糖酸奶）
- □ 胡椒粉 少许

1. 洋葱和黄瓜要保持圆形切成薄片。

2. 牛油果去皮，切成薄片，然后轻轻倾斜，形状要保持整齐。

3. 鸡蛋去皮捣碎，洋葱、黄瓜、植物蛋黄酱和胡椒粉拌匀做成鸡蛋沙拉。

4. 把面包放在锅里烤至金黄。

包装方法可以参考31页。

5. 铺上硫酸纸，在全麦面包的一面涂上无糖草莓酱，然后依次放牛油果→鸡蛋沙拉→芝士→全麦面包，最后包装。

6. 可以按照6：4的比例分成2份，作为正餐和零食。

LOW CARBOHYDRATE

HIGH PROTEIN

DIET RECIPES

第四章

可以缓解内心压力的味道!

汤和面条

减肥的时候大多时间吃的是蔬菜，或是寒凉的食物。

如果一直吃这种食物，可能时常会感觉到身体里有寒气，换季的时候身体状态也会不好。

这时需要一碗热汤或软烂的面条，但是减肥的过程中，还是要慎重选择这些料理。

避开喝汤是因为钠含量过高，避开面条是因为碳水化合物含量高，

但是只要找到更加健康的代替品就可以。

我在减肥期间，也无法放弃汤和面条，因此开发了各种各样的汤和面，

可以保护身体的同时，也能减轻减肥带来的压力。

减脂炒年糕汤

　　减肥时本应该避开炒年糕，但也不知为什么在减肥的时候却更想吃。于是我把炒年糕这个碳水化合物和钠、糖的集合体，做成了让人惊艳的减脂炒年糕汤。用糙米纸和鱼肉含量高的鱼饼来制作，即使没有真的年糕也很筋道，即使没有辣椒酱和糖稀也可以很辣很甜！一次制作2份，可以周末的时候和家人一起享用。

用料

2顿的量

- □ 糙米纸 6张
- □ 鸡蛋 2个
- □ 大葱 66 cm (170g)
- □ 辣椒 2个
- □ 鱼饼 130g
- □ 水 3+1/2杯
- □ 鸡精 1包 (14g)
- □ 辣椒粉 2勺
- □ 酱油 2勺
- □ 阿洛酮糖 3勺
  (或用低聚糖、蜂蜜2勺)
- □ 胡椒粉 少许
- □ 醋 1/2勺
- □ 盐 1/2勺

1. 鸡蛋放入加醋、盐的水中煮10分钟，用冷水浸泡后去皮。

2. 大葱、辣椒斜切，鱼饼切成和年糕一样的大小。

3. 锅里放水，把大葱、辣椒、鸡精煮沸。

4. 鱼饼、鸡蛋、辣椒粉、酱油、阿洛酮糖，煮到鱼饼入味。

米纸很容易糊，所以每次吃3张，吃前再放进去。

5. 撒上胡椒粉，3张糙米纸用手撕碎，搅拌均匀，关火。

一顿量的糙米纸需要全部捞出吃掉。

6. 碗里装一半的炒年糕汤和1个鸡蛋，这是一顿饭的量。剩下的一半放在冷藏室保存，2~3天吃完。

低碳水番茄奶油汤意大利面

● 早餐　　● 晚餐

　　奶香浓郁、酸酸甜甜的番茄奶油意大利面吃起来一点也不油腻，很符合大家的口味。但是吃的时候总会发现酱汁不够，所以我按照减肥的需要，改良了一款汤汁丰富的低碳水番茄奶油汤意大利面。用干豆腐代替意大利面，不仅减少了碳水化合物，还增加了蛋白质，并加入了平菇增加口感。如果再放点无糖花生酱就更有味道了！吃完之后，你会感觉到身体都暖和起来了。

用料

- □ 干豆腐 1包
- □ 大蒜 4个（14g）
- □ 洋葱 1/4个（60g）
- □ 平菇 1把（75g）
- □ 玉米粒 1勺
- □ 燕麦牛奶 1杯
  （或用牛奶、无糖豆奶）
- □ 水 1/2杯
- □ 番茄酱 1勺
- □ 辣椒粉 1/3勺
- □ 帕达诺干芝士 少许
  （或用帕玛森芝士粉）
- □ 欧芹粉 少许
- □ 无糖花生酱 1/2勺
- □ 橄榄油 1/2勺

1. 大蒜切成片，洋葱切丝，平菇去根撕成条状，干豆腐冲洗沥干。

2. 往烧热的平底锅里倒入橄榄油，先炒大蒜、洋葱，再加入平菇翻炒。

汤要稍微黏稠一些才好吃。

3. 加入干豆腐、玉米粒、燕麦牛奶、水、番茄酱、辣椒粉，搅拌至入味。

4. 装入碗中，磨碎帕达诺干芝士，加入欧芹粉和无糖花生酱。

韭菜金枪鱼拌面

● 早餐　● 晚餐

　　夏天跟凉爽的拌面很配！但是作为减肥者，我们可以用低卡面条代替让人发胖的面条。现在的拌面是用面和辣味酱汁制作的，但我们还要注重营养，所以用金枪鱼罐头和鸡蛋来补充蛋白质，用爽口的蔬菜增加口感和饱腹感，再配上酸甜的酱汁，让我们一起享受这碗美味的面条吧。

用料

- □ 低卡面条 1袋（150g）
- □ 金枪鱼罐头 1个（100g）
- □ 鸡蛋 1个
- □ 韭菜 1把（85g）
- □ 洋葱 1/4个（30g）
- □ 生菜 3片
- □ 玉米粒 1勺
- □ 芝麻 少许
- □ 橄榄油 1/3勺

● 酱汁
- □ 辣椒粉 1/2勺
- □ 蒜泥 1/4勺
- □ 酱油 1勺
- □ 醋 1/2勺
- □ 生苏子油 1勺
- □ 阿洛酮糖 1勺
  （或用低聚糖、蜂蜜2/3勺）
- □ 芝麻 1/3勺

1. 韭菜切成4cm长，洋葱切成丝，生菜切成6份，金枪鱼用勺子压去油脂，低卡面条沥干。

2. 在热锅里倒入橄榄油，做一个煎蛋。

> 用两只手掌碾着芝麻搅拌，香喷喷的味道会更加浓郁。

3. 酱汁拌匀。

> 也可以用海带丝代替低卡面条。要用魔芋面的话，需要用热水烫过再使用。

4. 低卡面条、金枪鱼、韭菜、洋葱、生菜、玉米粒装入碗中，放酱汁拌匀。

5. 将做好的拌面放入碗中，再把煎鸡蛋放上去，撒上芝麻。

蟹肉明太鱼子鸡蛋汤

● 早餐　● 晚餐

　　鸡蛋汤有着细腻的口感和丰富的蛋白质，作为高蛋白减肥餐真的很棒，但切忌做得太咸。这款料理没用特别的调料，添加了低盐明太鱼子和蟹肉棒，爽口的滋味和顺滑的吞咽感真的超级棒。想吃一口热乎乎的汤泡饭时，这款料理就是最推荐的超简便韩式汤品了。

用料

- □ 鸡蛋 4个
- □ 蟹肉棒 2个
- □ 低盐明太鱼子 1份（30g）
- □ 大葱 55 cm（110g）
- □ 辣椒 1个
- □ 蒜泥 1 / 2勺
- □ 水 4杯

1. 大葱切成5cm的葱段，剩下的大葱切碎，把辣椒切成片。

2. 鸡蛋打好，蟹肉棒按纹理撕开，低盐明太鱼子切成一口能吃下的大小。

3. 锅里放水，把5cm长的葱段放入水中，中火煮至大葱半透明，捞出煮熟的葱段。

4. 把鸡蛋液过筛后倒进汤里，改中火，搅拌直至煮熟。

5. 鸡蛋液煮熟后，加入蒜泥、辣椒、用勺子捣碎的低盐明太鱼子。

6. 将大葱碎、蟹肉棒放入锅中，快速煮开。

蔬菜乱炖

#迪迪米妮蔬菜乱炖

● 早餐　　● 午餐　　● 晚餐　　● 备餐

　　想喝既不长胖又能暖胃的汤，那我强烈推荐蔬菜乱炖。

　　看看自己冰箱里的食材，只要有蔬菜、番茄沙司、辣椒粉、鸡精，就能完成这款绝妙的汤汁。这个汤越煮越香，可以一次多做一些。每次吃的时候加鸡胸肉、黄豆、鸡蛋等一起煮，饱腹感更强。快和全能的迪迪米妮蔬菜乱炖相遇吧！

用料 4~5顿的量

□ 茄子 1个（150g）
□ 洋葱 1/2个（140g）
□ 胡萝卜 1/2根（140g）
□ 辣椒 2个
□ 玉米粒 3勺
□ 水 4杯
□ 番茄沙司 4勺
□ 鸡精 1包（14g）
□ 辣椒粉 1/3勺
□ 无糖花生酱 1勺
□ 橄榄油 2勺

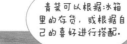

青菜可以根据冰箱里的存货，或根据自己的喜好进行搭配.

1.茄子、洋葱、胡萝卜、辣椒切成一口能吃下的大小。

2.在热锅里倒入橄榄油，把加工好的蔬菜都放进去炒，待洋葱变半透明时倒入水。

3.加入番茄沙司、鸡精、辣椒粉和玉米粒，转中小火煮至蔬菜熟透。

乱炖是越炖越好吃，一顿可以加两个鸡蛋或100g的鸡胸肉会更好吃。

4.加入无糖花生酱拌匀，关火，分4~5顿吃完。

东南亚风味米粉

● 早餐   ● 午餐

　　在东南亚旅行时吃的米粉真是让人回味无穷，现在在家终于也能吃到了。

　　在减肥过程中也可以吃哦！平时可以用米粉调料包，简单地调出米粉的味道，但如果想吃得更加健康一些，也可以用有机鸡精来代替。

　　再放入满满的绿豆芽，增加饱腹感，放入虾仁，补充丰富的蛋白质。既不会太咸，也不会太刺激，会让你的胃感到很舒服。

用料

- □ 米粉 35g
- □ 绿豆芽 1把（70g）
- □ 冻虾仁 6只（114g）
- □ 大葱 18 cm（15g）
- □ 红辣椒 1个
- □ 柠檬草 1根（可冷冻）
- □ 香菜 1根（14g）
- □ 西红柿 1/2个
- □ 水 2+1/2杯
- □ 鸡精 1包（14g）
- □ 是拉差辣椒酱 1勺
- □ 辣椒粉 1/4勺或1/3勺
- □ 柠檬汁 1/2勺
- □ 鱼酱 1/3勺（或用小银鱼汁）
- □ 无糖花生酱 1/3勺

米粉的粗细程度根据个人喜好进行选择。

1.米粉浸泡10分钟，绿豆芽洗净沥干水分，冻虾仁冲洗后用冷水浸泡解冻。

2.大葱斜切，红辣椒切粗段，柠檬草切成4份，香菜、西红柿切成一口能吃下的大小。

3.锅里加水，放入大葱、柠檬草、香菜、红辣椒和鸡精，让汤里充满蔬菜的香味。煮5分钟以上。

4.加入西红柿、虾仁并煮沸，加入是拉差辣椒酱、辣椒粉、柠檬汁、鱼酱，煮至虾仁熟透。

5.加入泡好的米粉和绿豆芽，用大火迅速把米粉煮熟。

6.盛入碗中，加入香菜和无糖花生酱。

减脂年糕汤

● 早餐　　● 午餐　　● 备餐

年糕汤，我们在新年的时候会经常吃，里面的碳水化合物含量很高，是减肥时要小心的食物之一。所以这次我用糙米纸代替年糕，可以重现年糕筋道的口感。用鸡精瞬间调出浓浓的汤汁味道。不仅制作更简单、更快速，而且也不用担心长胖，希望我的这个小点子能让无数减肥者的餐桌变得更加丰富。

用料

- ☐ 鸡蛋 1个
- ☐ 鸡胸肉 140g
- ☐ 紫菜 1 / 2张
- ☐ 大葱 30 cm（34g）
- ☐ 红辣椒 1 / 4个（3g）
- ☐ 糙米纸 4张
- ☐ 水 1 / 2杯
- ☐ 鸡精 1包（14g）
- ☐ 橄榄油 1 / 3勺

1.将鸡蛋的蛋清、蛋黄分开，打匀，在热锅中倒入橄榄油，分别做成鸡蛋饼，切成丝。

2.大葱、红辣椒切成圆形，熟鸡胸肉用手撕开，紫菜用剪刀剪成细丝。

3.锅中放入大葱、水、鸡精，用大火煮3分钟后关火。

4.汤煮开后放入鸡胸肉，用手把糙米纸撕碎，搅拌均匀。

5.碗里装入年糕汤，放上鸡蛋丝、紫菜、红辣椒。

备餐小提示

除了糙米纸，其他食材可以按照以"所有食材一顿的分量 × N顿饭"来计算制作，做到将鸡胸肉煮熟的步骤后，冷却、分装。2~3天内吃的放冷藏室里，以后吃的放在冷冻室。糙米纸要在吃之前放，年糕汤要在加热之后再放，这样才不会泡发，能尝到筋道的口感。

熏鸭芝麻菜意大利面

● 早餐 ● 午餐

　　闻起来就能流口水的熏鸭，苦味香醇的芝麻菜，再配上意大利面，三者结合就成了熏鸭芝麻菜意大利面。用富含膳食纤维的全麦意大利面代替面粉意大利面，就不必担心长肉，还可以吃出健康。辣椒的香辣外加熏鸭的浓郁香气渗透在面上，每一口都超级美味的意大利面就完成了。

用料

□ 全麦意大利面 40g

□ 熏鸭 120g

□ 芝麻菜 1把（19g）

□ 大蒜 10个

□ 辣椒 1个

□ 柠檬 1/6个

□ 胡椒粉 少许

□ 盐 1/3勺

□ 橄榄油 1/2勺

□ 水 适量

1. 把盐放入沸水中，全麦意大利面煮7分钟，捞出过筛，再留出1/2锅煮全麦意大利面的水。

一般将芝麻菜切成4cm长的段备用。

2. 熏鸭用热水烫一下，大蒜切成薄片，辣椒斜切，芝麻菜洗净，沥干。

3. 在热锅里倒入橄榄油，先炒大蒜、辣椒，再放入熏鸭，炒出烤制的感觉。

4. 加入煮熟的全麦意大利面，翻炒过程中可以再放入2~3勺的水。炒熟后撒上胡椒粉拌匀，关火。

5. 把全麦意大利面盛在碗里，放上芝麻菜和柠檬，吃之前挤上柠檬汁。

花生嫩豆腐汤

● 早餐　　● 晚餐　　● 备餐

　　热乎乎的嫩豆腐汤不仅能暖胃，而且能助消化，喝完后感觉很舒服。多亏了大酱和辣椒粉，汤汁变得香辣可口。搭配无糖花生酱，添加了优质的蛋白质和脂肪，味道很香。你说无法想象这个搭配的味道？相信我，一定要做一次。吃上一口，你就会瞬间迷住。

用料

☐ 嫩豆腐 1 / 2 块（175g）

☐ 西葫芦 1 / 2 个（130g）

☐ 洋葱 1 / 4 个（75g）

☐ 燕麦片 2 勺（25g）

☐ 水 1+1 / 2 杯

☐ 辣椒粉 1 / 3 勺~1 / 2 勺

☐ 低盐大酱 1 勺
   （或用2 / 3勺普通大酱）

☐ 无糖花生酱 1 / 2 勺

1.把西葫芦和洋葱切成小块。

要经常搅拌，不让燕麦片黏住。

2.锅里放水、西葫芦、洋葱、燕麦片、嫩豆腐，把蔬菜煮熟。

3.将辣椒粉和低盐大酱放入调味，再煮沸。

根据个人口味，可以适当增加一些辣椒粉。

4.放入碗里，再放上无糖花生酱。

备餐小提示

制作花生嫩豆腐汤时，嫩豆腐和蔬菜煮至入味会更好吃，所以这款料理推荐给大家作为备餐。以"所有食材一顿的分量×N顿饭"来计算制作，1~2天内要吃的，放入锅中热一热就盛出来吃。以后吃的要烧开后放冷冻室保存。

鸡胸肉土豆汤

● 早餐　　● 午餐　● 备餐

　　如果想用奶香浓郁的汤来满足你的胃，就试试这道菜吧。大部分人都认为土豆是让人发胖的食物，其实这是个误解。只有像薯条和薯片那样，把土豆放在油里炸，沾满了盐的土豆才容易发胖。当然土豆吃多了的确会发胖，但土豆像地瓜一样，是复合碳水化合物，适量健康地烹饪食用，很适合作为餐桌上的备餐食物。

用料 2顿的量

- 生鸡胸肉 300g
- 土豆 2个（280g）
- 洋葱 1/2个（85g）
- 牛奶 2杯
- 香草盐 1/3勺
- 椰枣糖浆 1/2勺
  （或用低聚糖、蜂蜜）
- 欧芹粉 少许
- 黑芝麻 少许
- 椰子油 1勺（或用橄榄油）

1. 生鸡胸肉、洋葱切成一口能吃下的大小，土豆去皮，也切成同样的大小。

2. 在热锅里倒入1/2勺椰子油，改中火，炒到洋葱变成棕色。

3. 在搅拌机中加入炒熟的洋葱、土豆和牛奶，细细研磨，做成汤底。

4. 在热锅里倒入1/2勺椰子油，炒生鸡胸肉，加入汤底搅拌，煮至鸡胸肉全熟。

5. 用香草盐、椰枣糖浆调味，盛入碗中，撒上欧芹粉、黑芝麻。

备餐小提示

鸡胸肉土豆汤多做一些才好吃，可以进行密封保存。以"所有食材一顿的分量×N顿饭"来计算制作，只使用总量大约70%的椰子油即可。凉凉后分装，近期2~3天内吃的放到冷藏室，以后吃的冷冻保存。

咖喱鸡西葫芦面

● 早餐　　● 午餐　　● 晚餐　　● 备餐

　　如果要选出不逊色于著名健康食品专卖店的味道、颜值、营养的三合一食物，那肯定就是咖喱鸡西葫芦面了。用西葫芦代替面条，大幅减少了碳水化合物。咖喱鸡炖得又软又烂，直接吃也很好吃，但如果放在西葫芦面上的话，菜汁会自然地流出来，味道会更让人惊叹。想吃减脂又热乎的面条料理时，选择这个面非常棒。

- □ 西葫芦 1/3个（117g）
- □ 洋葱 1/2个（167g）
- □ 生鸡胸肉 290g
- □ 香菜 1根（12g）
- □ 燕麦牛奶 2+1/2杯
    （或用牛奶、无糖豆奶）
- □ 烟熏红椒粉 1/2勺
- □ 咖喱粉 2+1/2勺
- □ 胡椒粉 少许
- □ 黑芝麻 少许
- □ 椰子油 1勺
    （或用橄榄油、牛油果油）

1.西葫芦可以用菜刀或旋转切丝机，切出和面条一样长度的细丝，装在碗里。

2.洋葱、生鸡胸肉、香菜切成一口能吃下的大小。

3.在热锅中倒入椰子油，中火炒洋葱至半透明，加入生鸡胸肉、香菜，用大火将鸡胸肉的表面炒熟。

汤炖黏稠一些更好喝哦.

4.加入燕麦牛奶、烟熏红椒粉和咖喱粉，中火搅拌两三分钟，撒上胡椒粉，关火。

剩下的咖喱鸡可以当作汤喝，或者可以和米饭一起吃哦.

5.在装西葫芦面的碗里加入一半的咖喱鸡，撒上黑芝麻、香菜。

备餐小提示

制作咖喱鸡时，可以多做一些用作备餐。除了西葫芦面，以"所有食材一顿的分量×N顿饭"来计算制作，只使用总量大约70%的椰子油即可，咖喱粉根据自己的口味调味。凉凉后分装，2~3天内吃的放到冷藏室，以后吃的冷冻室保存。西葫芦面要现做，倒入加热好的咖喱中。也可以搭配米饭、魔芋面、全麦面等。

茄子干豆腐炒面

● 早餐　● 晚餐

　　想要简简单单地吃口面，那我强力推荐这道菜。富含高蛋白的干豆腐的口感劲道，搭配茄子软软糯糯的口感，味道非常和谐。而且还含有大量的膳食纤维，可以补充营养。最后浇上生苏子油，是保证炒面香气的重要步骤，千万别忘了哦。

用料

- ☐ 干豆腐 1包（100g）
- ☐ 茄子 1/2个（65g）
- ☐ 大葱 16 cm（28g）
- ☐ 生菜 5张
- ☐ 蒜泥 1/2勺
- ☐ 酱油 1勺
- ☐ 生苏油 1勺
- ☐ 火麻仁 1/2勺
- ☐ 是拉差辣椒酱 1/2勺
- ☐ 橄榄油 1勺

1. 茄子切成半圆形，大葱切成圆形，生菜切成一口能吃下的大小。

2. 干豆腐洗净沥干。

用刀将蒜拍成两半，来代替蒜泥，香味会更好哦.

3. 热锅倒入橄榄油，放入茄子、大葱、蒜泥，充分翻炒，再放入干豆腐、酱油、生苏子油、火麻仁，迅速搅拌翻炒。

4. 碗里铺上生菜，盛出炒面，撒上火麻仁、是拉差辣椒酱。

沙拉豆浆面

● 早餐　● 晚餐

　　夏天一定要配一碗凉凉的豆浆面。如果你想吃更减脂更饱腹的豆浆面，可以尝试用黄瓜做蔬菜面，然后和低热量的低卡面条混合在一起。每次咀嚼的时候，清新的味道都会加倍，饱腹感也会变强。再加上无糖豆浆和用青仁黑豆粉制作好的超简单豆浆，就能让炎热的夏夜凉爽起来，轻轻松松解决这一餐。

用料

□ 低卡面条 1 / 2 捆（75g）
□ 鸡蛋 1个
□ 黄瓜 1根
□ 无糖豆浆 190 mL
□ 青仁黑豆粉 2+1 / 2勺
□ 盐 1 / 3勺
□ 芝麻 1 / 2勺
□ 醋 少许
□ 水 适量

用鱼线切鸡蛋，断面很干净。

1. 鸡蛋放入加醋、盐的水中煮10分钟以上，用冷水浸泡后去皮，切半。

2. 用旋转切丝机或擦板切出黄瓜细丝，低卡面条沥干。

如果没有豆粉，可以用豆浆机，将豆浆1包（190 mL），豆腐1 / 2块（130g）一起搅拌制作出汤汁。

用两只手掌碾芝麻，香喷喷的味道会更加浓郁。

3. 将无糖豆浆、杏仁黑豆粉、盐搅拌均匀，制成豆浆。

4. 将黄瓜丝、低卡面条放入碗中，倒入豆浆，撒上芝麻，再摆上鸡蛋。

超简单减肥拌面

● 早餐　　● 晚餐

　　用海带和海草等制作的海带面和凉汤面或拌面很搭配。一到夏天就很喜欢吃。用辣椒粉和是拉差辣椒酱代替辣椒酱调味，如果只吃拌面的话会觉得很单一，所以会搭配熏鸭和香浓的苏子叶。短时间内就可以做出众人皆爱的完美味道，制作简单，用时超短的简单料理就这样完成了！海带面如果做成热面料理会有腥味，所以不推荐。

用料

□ 海带面 1袋（180g）
□ 熏鸭 100g
□ 大蒜 5个
□ 苏子叶 5片
□ 辣椒粉 少许
□ 芝麻 1/3勺

● 酱汁
□ 辣椒粉 1/2勺
□ 酱油 1/2勺
□ 生苏子油 1勺
□ 是拉差辣椒酱 1勺
□ 阿洛酮糖 1勺
　（或用低聚糖）

1. 大蒜切成薄片，把苏子叶切成丝。

2. 用热水烫熏鸭。

3. 把熏鸭和大蒜放在干锅里烤至金黄色。

4. 海带面用水冲洗，沥干水分，放在碗里，加入酱汁、苏子叶拌匀。

5. 把拌面放在碗中间，把熏鸭、大蒜放在面边上，撒上辣椒粉、芝麻。

卷心菜鸡汤

● 早餐　　● 午餐　　● 晚餐　　● 备餐

　　这道卷心菜鸡汤在社交网络上很有名。虽然制作方法超简单，但味道却出乎意料地好，已经得到了很多人的称赞。不仅放了很多健康的卷心菜，还有熟鸡胸肉、燕麦片，再加上一些芝士碎。碳水化合物、蛋白质、脂肪的营养完美地全覆盖。换季期或身体发冷的时候吃，可以恢复精力，简直是魔法食谱，值得一试吧？

用料

- □ 卷心菜 150g
- □ 熟鸡胸肉 100g
- □ 辣椒 1个
- □ 燕麦片 3勺（20g）
- □ 芝士碎 10g
- □ 冻干蒜立方 3个
    （或用1/2勺蒜泥）
- □ 冻干姜立方 2个
    （或用1/3勺姜末）
- □ 有机鸡精 1包（14g）
- □ 水 1/2杯
- □ 胡椒粉 少许

1. 卷心菜和熟鸡胸肉切成一口能吃下的大小，辣椒切成小块。

2. 锅里放卷心菜、辣椒、蒜立方。加入冻干姜立方、有机鸡精和水，用大火煮至卷心菜熟。

3. 放入熟鸡胸肉、燕麦片、芝士碎，然后把燕麦片放进去，搅拌煮沸。

4. 撒上胡椒粉，迅速煮沸，关火。

备餐小提示

以"所有食材一顿的分量×Ν顿饭"来计算制作，有机鸡精的量减少到70%左右即可。1~2天内吃的要放在锅里热一下，及时盛出吃即可，以后要吃的要烧开，冷藏或冷冻保存。

小提示

蒜泥或姜末常用于烹饪，但如果在冰箱里放久了，又会变成褐色，香气也会消失。如果很难保证家中常备这些食材，可以把蒜泥和姜末冻成干。这样不用担心坏了，也很容易保存。

香蕉酸奶咖喱汤

● 早餐　● 午餐　● 配菜

▶ 使用希腊酸奶（230页）

　　看到这个菜名，你可能会有点惊讶。但这款料理真的超级好吃，我要为大家介绍这款特色菜——香蕉酸奶咖喱汤。香蕉和甜南瓜的甜味，内酯豆腐和希腊酸奶的奶油质感，再加上咖喱粉的清香，这些食材和谐地融合在一起，你会被这奇妙的味道深深地吸引。强烈推荐给喜欢的人！

用料

2顿的量

- □ 香蕉 1根
- □ 洋葱 1/2个（100g）
- □ 甜南瓜 120g
- □ 香菜 少许（或用苏子叶）
- □ 内酯豆腐 200g
- □ 咖喱粉 2勺
- □ 希腊酸奶 1+1/2勺（30g）
  （参考230页）
- □ 水 1/2杯
- □ 胡椒粉 1/4勺+少许
- □ 椰子油 1勺（或用橄榄油）

如果甜南瓜难切，可以用微波炉加热1分钟后再切.

1.香蕉切成圆形薄片，洋葱、甜南瓜、香菜切成一小口能吃下的大小。

2.把椰子油倒在热锅里，盖上盖子，用中火炒洋葱至半透明。

3.加入水、甜南瓜、香蕉，把香蕉和甜南瓜煮成糊状，再放入内酯豆腐、咖喱粉，搅拌煮沸。

4.加入1勺希腊酸奶、1/4勺胡椒粉，搅拌，轻轻煮沸，关火。

5.把一半的咖喱汤放在碗里，加上1/2勺希腊酸奶和香菜，撒上少许胡椒粉。

LOW CARBOHYDRATE

HIGH PROTEIN

DIET RECIPES

第五章

不敢吃外卖，那就自己做！

方便携带的家常菜

炸猪排、紫菜包饭、鸡排、面食、意大利面、
油炸食品都是高热量的家常料理，也是减肥的大敌，
即使现在正处于减肥期的你，也可以尽情享用。
与其和市面上的诱惑进行心理斗争，把自己弄得心烦意乱，
倒不如用健康的食材自制家常美食，这样还能缓解一下压力。
可以多做一些和家人一起享用，做成便当打包也很合适，
绝对怎么吃都不会腻，要不要试一试啊？

卷心菜紫菜包饭

● 早餐　● 午餐　● 晚餐

　　一条紫菜包饭无法安抚饥饿带来的暴躁？那我推荐给你这款紫菜包饭。紫菜包饭里面装满了烫好的卷心菜，饱腹感很强。里面用的是减肥者冰箱中常见的食材，但因为多了一些清淡、香醇、清爽的食材，即使每天吃也不会腻。不仅能收获满嘴幸福的味道，也会守护大家的肠胃哦。

用料

- 紫菜 1+1/2张
- 魔芋饭 1盒（150g）
- 卷心菜 200g
- 熟鸡胸肉 140g
- 泡菜 50g
- 芝士 1片
- 生苏子油 1/3勺
- 黑芝麻 少许
- 水 适量

如果泡菜太咸，或者沾了很多酱料，可以冲洗后使用。

1. 卷心菜洗净，用沸水焯一下，沥干。

2. 熟鸡胸肉按纹理撕开，带梗泡菜备好，芝士分成3份。

先不要做紫菜包饭，让紫菜连接的部分和桌面充分接触一段时间，食材的水分可以让紫菜固定好。

3. 把芝士放在半张紫菜的边缘，整齐地摆放好，把剩下的1张紫菜放在芝士上，进行拼接。

4. 紫菜上面铺上魔芋饭，按照3片卷心菜→泡菜→熟鸡胸肉→卷心菜的顺序做紫菜包饭。

5. 将生苏子油涂在紫菜包饭的上面和刀片上，切成适合食用的大小，再撒上黑芝麻。

减脂鸡排

● 早餐   ● 午餐   ● 晚餐

　　这款鸡排不管什么时候吃都很好吃。你可以在管理身材的过程中享受美食。用蛋白质含量最高的鸡胸肉补充蛋白质，不加辣椒酱或糖稀，做成糖分低的酱料。再加入各种地瓜、卷心菜、苏子叶等食材，就会有满满的饱腹感，就像市场上卖的鸡排一样，口感辣辣的，卖相很诱人。

用料

□ 生鸡胸肉 130g

□ 卷心菜 100g

□ 地瓜 1个（100g）

□ 辣椒 2个

□ 洋葱 1/4个（50g）

□ 苏子叶 7片

□ 芝麻 少许

□ 橄榄油 1/2勺

● 鸡排调料

□ 蒜泥 1/2勺

□ 冻干姜立方 2个
   （或用姜末1/4勺）

□ 咖喱粉 1/3勺

□ 辣椒粉 1勺

□ 酱油 2/3勺

□ 阿洛酮糖 2勺
   （或用低聚糖、蜂蜜1+1/2勺）

□ 水 2/3杯

1. 将卷心菜、生鸡胸肉切大块，地瓜切条，辣椒斜切成丝，洋葱、苏子叶切丝。

2. 将鸡排调料拌匀。

3. 将橄榄油放在热锅里，加入卷心菜、地瓜、辣椒和洋葱，炒至洋葱半透明。

4. 加入生鸡胸肉、鸡排调料，搅拌，炖煮。

5. 放入苏子叶2/3分量，迅速翻炒。

6. 将做好的食材盛入碗里，放上苏子叶，撒上芝麻。

干豆腐春卷

● 早餐　● 午餐　● 晚餐

▶ 使用胡萝卜拉佩（246页）

　　想吃春卷，但又想减肥兼顾营养，那就要用干豆腐来代替春卷中的粉丝。再加入胡萝卜拉佩、苏子叶和蟹肉棒，用糙米纸卷起来，蘸着比市场上的酱料更健康的花生酱吃，真的很好吃。因为不用火，所以做起来、吃起来都很方便，也很适合作为家庭派对的菜单哦。

用料

□ 糙米纸 4张
□ 干豆腐 1包（100g）
□ 胡萝卜丝 100g
　（参考246页）
□ 蟹肉棒 1个
□ 苏子叶 8片
□ 辣椒 4个
□ 包饭萝卜 4片

● 花生酱
□ 无糖花生酱 1/2勺
□ 植物蛋黄酱 1/2勺
　（或用半油蛋黄酱）
□ 黄芥末 2/3勺
□ 阿洛酮糖 1/2勺
　（或用低聚糖）

1. 苏子叶洗净，沥干水分；辣椒去蒂。

2. 干豆腐用水冲洗，沥干水分，蟹肉棒按纹理分成4份。

3. 将1张糙米纸展开浸泡在温水中，按照2片苏子叶→1片包饭萝卜→1/4份干豆腐→1个蟹肉棒→1个辣椒→1/4份胡萝卜拉佩的顺序摆放。

用同样的方法制作4个卷，在冷藏室保存3～5分钟。如果马上切的话，米纸就会变软，容易撕破。

4. 糙米纸平放，用力把苏子叶卷成卷，然后把它放在前面，和糙米纸一起抓着卷，然后折好糙米纸的左右侧。

5. 把花生酱拌匀。

6. 将春卷斜切后放入碗中，搭配花生酱。

核桃鱿鱼丝紫菜包饭

● 早餐　● 午餐

　　红色的炒鱿鱼丝是我们家饭桌上的"下饭菜"。鱿鱼丝是将鱿鱼的水分烘干而制成的高蛋白食品，只要少使用，就能吃到美味的减肥紫菜包饭。

　　咸咸的鱿鱼丝上加一些香喷喷的核桃，用甜甜的阿洛酮糖来代替糖稀翻炒，放在紫菜包饭上。口感筋道，再加上辣椒的辣味，就完成了一份仅次于高级紫菜包饭的食品哦！

用料

- ☐ 紫菜包饭紫菜 1+1/2张
- ☐ 糙米魔芋饭 1包（150g）
- ☐ 苏子叶 15片
- ☐ 辣椒 2个
- ☐ 鸡蛋 2个
- ☐ 芝士 1片
- ☐ 包饭萝卜 3片
- ☐ 生苏子油 1/3勺
- ☐ 橄榄油 1/3勺

● 核桃鱿鱼丝
- ☐ 核桃 5颗
- ☐ 鱿鱼丝 30g
- ☐ 水 2勺
- ☐ 阿洛酮糖 1/2勺
  （或用低聚糖）

1. 苏子叶洗净沥干，辣椒去蒂，芝士分成3份。

在平底锅里倒入橄榄油，用大火加热，熄火后制作，鸡蛋就可以轻松地卷起来了。要想把鸡蛋卷做得完美无瑕，就用紫菜包饭的卷帘来卷即可。

2. 把鸡蛋打碎，在热锅里倒入橄榄油，倒入鸡蛋液，做成鸡蛋卷。

3. 在锅里一次性放入核桃鱿鱼丝的食材，然后用小火稍微炒至金黄色。

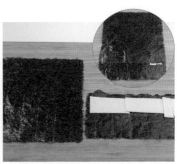

4. 在1/2张紫菜的边缘并排放上芝士，把剩下的1张紫菜贴在芝士上面。

5. 在紫菜上面铺糙米魔芋饭，按照8片苏子叶→包饭萝卜→核桃鱿鱼丝→鸡蛋卷→辣椒→7片苏子叶的顺序放上去，卷成紫菜卷。

6. 在紫菜包饭和刀上抹上生苏子油，切成适合食用的大小。

迪迪米妮的面食套餐

● 早餐　● 午餐

　　蘸着炒年糕汤吃紫菜卷，这种美味不说大家也都知道吧？但是在减肥的时候，可以用粉条紫菜卷来代替，用干豆腐填满馅料，再用糙米纸做炸衣，还能提高口感。不放糖的健康炒年糕汤调料，再加上紫菜卷和煮鸡蛋，就是完美的面食套餐！减肥的时候也能吃面食，真的很幸福。

用料

● 减肥紫菜卷

☐ 紫菜包饭紫菜 2张

☐ 糙米纸 6张

☐ 干豆腐 1包

☐ 辣椒 4个

☐ 煮鸡蛋（半熟蛋）1个

☐ 橄榄油 1/2勺

● 炒年糕汤调料

☐ 大葱 44 cm（60g）

☐ 木薯淀粉 1/4勺

☐ 辣椒粉 2/3勺

☐ 蒜泥 1/2勺

☐ 是拉差辣椒酱 1/2勺

☐ 阿洛酮糖 1勺（或用低聚糖）

☐ 水 1杯

1. 干豆腐用水冲洗沥干，辣椒去蒂；炒年糕汤调料用的大葱切成 4 cm长。

2. 在紫菜上面放一半散开的干豆腐后，将2个辣椒并排放上，将紫菜卷卷好，用同样的方法再卷一条紫菜卷。

3. 将两条干豆腐紫菜卷三等分，分成6份。

4. 糙米纸在温水中浸泡，然后取出展开，把切好的紫菜卷一一卷起来，做成6个紫菜卷。

也可以在平底锅里放入1勺橄榄油，将四周烤熟。

在锅里放入鸡蛋、水、盐、醋，煮沸后加热10分钟，就变成半熟，加热15分钟，就变成全熟了。

在紫菜卷上涂橄榄油，用空气炸锅在180℃下烘焙10分钟，或翻炒5分钟。

6. 锅里先不放大葱，加入炒年糕汤调料，拌匀再加入大葱，搅拌至大葱熟为止。

7. 碗里装好炒年糕汤汁，放上紫菜卷，再配上煮鸡蛋。

减脂泡菜饼

● 早餐　● 午餐

　　是不是头一回看到这么白花花的泡菜饼啊？看起来不好吃吗？相信迪迪米妮，先做出来试试吧！用富含植物蛋白、不饱和脂肪、膳食纤维的杏仁粉代替快速提升血糖的精制碳水化合物来制作。这款泡菜饼不仅可以瘦身，而且还有营养。用辣椒提辣味，再加入卷心菜，既能提高口感又能增加饱腹感，即使凉了也很好吃。

用料

□ 泡菜 50g
□ 卷心菜 100g
□ 辣椒 2个
□ 鸡蛋 2个
□ 玉米粒 1勺
□ 杏仁粉 2勺（23g）
□ 橄榄油 1勺

1. 泡菜、卷心菜切碎，把辣椒斜切成薄片。

2. 鸡蛋打好，将泡菜、卷心菜、辣椒、玉米粒、杏仁粉搅拌均匀，做成泡菜饼面团。

3. 在热平底锅里倒入橄榄油。把面团分成4等份，用中火把面团的正反面烤成金黄色。

（ 小提示 ）

杏仁粉比面粉热量高，但纯碳水化合物（碳水化合物中除膳食纤维外的成分）含量低，摄取时不会像面粉一样引起血糖的急剧上升。所以在减肥期间适合用杏仁粉代替面粉。

金枪鱼酸奶紫菜包饭

● 早餐　● 午餐

▶ 使用希腊酸奶（230页）

　　金枪鱼紫菜包饭里面放满了金枪鱼和蛋黄酱，口感不干涩，很软糯，应该是一款大家都喜欢的紫菜包饭吧。我用希腊酸奶和意大利香醋酱代替蛋黄酱，卷一个更健康的金枪鱼酸奶紫菜包饭。尽可能去掉金枪鱼的油，将黏稠的希腊酸奶和味道丰富的意大利香醋酱混合在一起，就能制作出比蛋黄酱更好吃，比奶油芝士更浓郁的高级紫菜包饭馅。

用料

□ 紫菜 1张
□ 魔芋饭 1包（150g）
□ 金枪鱼罐头 1个（100g）
□ 苏子叶 7片
□ 牛油果 1/2个
□ 彩椒 1/4个（45g）
□ 包饭萝卜 3片
□ 希腊酸奶 3勺
　（60g/参考230页）
□ 意大利香醋酱 1/2勺
□ 生苏子油 1/3勺

1.金枪鱼用勺子压出油。

2.苏子叶洗净沥干水分，牛油果切
　成薄片，彩椒切成长丝。

3.金枪鱼、希腊酸奶和意大利香醋
　酱拌匀，做成金枪鱼酸奶沙拉。

将紫菜竖着卷，
紫菜包饭就更容易
卷，也可以卷得
更饱满。

4.紫菜上面铺魔芋饭，按照4片苏
　子叶→牛油果→包饭萝卜→彩
　椒→金枪鱼酸奶沙拉→3片苏子
　叶的顺序放到上面，卷成紫菜
　包饭。

5.在紫菜包饭和刀上抹上生苏子
　油，切成适合食用的大小。

芝士鸡排 #鸡排

● 早餐　　● 午餐　　● 晚餐

　　从今天开始制作超过一般芝士猪排味道的减脂芝士鸡排吧！将生鸡胸肉切片，中间放入少量马苏里拉芝士，用糙米纸和全麦饼干碎来代替炸粉和面包糠烤制而成。外表酥脆，里面筋道，肉汁满满，足以让人忘记正在减肥的感觉，尝一口就收获满满的感动。

用料

- □ 生鸡胸肉 164g
- □ 全麦饼干 3个（22g）
- □ 小番茄 3个
- □ 蔬菜组合 15g
- □ 马苏里拉芝士 20g
- □ 糙米纸 2张
- □ 猪排酱 1+1/2勺
- □ 香草盐 少许
- □ 橄榄油 少许

> 也可以放在塑料袋里，用拖把杆或瓶子敲碎。

1. 将生鸡胸肉切成薄片，折叠2次，使其成为一团，然后撒上香草盐。

2. 把全麦饼干放在搅拌机里，磨成厚实的面包碎。把小番茄和蔬菜组合洗净，用筛子筛干水分。

3. 把糙米纸放在温水里浸泡后展开，两张纸叠在一起，在上面放上生鸡胸肉，中间放马苏里拉芝士。

4. 把生鸡胸肉对折，然后把糙米纸也对折裹在生鸡肉上，仔细贴边。

小提示

挑选猪排酱的时候，需要确认原材料，购买不含添加剂的有机产品。

> 在平底锅里倒入1勺橄榄油，用中小火烤制，注意不要烤焦，再翻过来充分烤熟。

5. 生鸡胸肉沾满全麦饼干碎，喷上橄榄油，用空气炸锅在180℃下烤10分钟，翻面再烤10分钟。

6. 将鸡排、蔬菜组合、小番茄装到碗中，配上猪排酱。

夏威夷果鳀鱼紫菜包饭

● 早餐　● 午餐

　　口感香酥滑嫩的夏威夷果和鳀鱼一起炒，可以做出有着高级味道的夏威夷果炒鳀鱼。借助于鳀鱼的咸味，不需要特别的调料，只要放半勺蜂蜜就够了。虽然这道菜直接吃也很好吃，但是和鸡蛋饼、爽口的苏子叶，还有墨西哥辣椒一同卷在紫菜包饭里面，也别有一番滋味。

用料

- ☐ 紫菜 1张
- ☐ 杂粮饭 80g
- ☐ 苏子叶 8片
- ☐ 红彩椒 1/4个（65g）
- ☐ 芝士 1片
- ☐ 鸡蛋 2个
- ☐ 墨西哥辣椒 7个（18g）
- ☐ 生苏子油 1/3勺
- ☐ 橄榄油 1/3勺

● 夏威夷果炒鳀鱼
- ☐ 鳀鱼 20g
- ☐ 夏威夷果 20g
- ☐ 蜂蜜 1/2勺
  （或用阿洛酮糖、低聚糖）

1. 在干锅里放入夏威夷果炒鳀鱼的食材，用中小火炒，注意不要煳。

2. 苏子叶洗净沥干水分；红彩椒切成长丝，芝士分成3份。

3. 把鸡蛋打碎，在热锅里涂上橄榄油，倒入鸡蛋液，做成鸡蛋饼。

将紫菜竖着卷，紫菜包饭就更容易卷，也可以卷得更饱满。

4. 把芝士并排放在紫菜中间，在其上方和下方铺上杂粮饭，然后把鸡蛋饼放在上面。

5. 按照4片苏子叶→红彩椒→夏威夷果炒鳀鱼→墨西哥辣椒→4片苏子叶的顺序，卷紫菜包饭。

6. 在紫菜包饭和刀上抹生苏子油，切成适合食用的大小。

酸奶沙拉紫菜包饭

● 早餐　　● 午餐　　● 晚餐

▶ 使用希腊酸奶（230页）

请相信我，一定要试一下这款紫菜包饭。首先将蟹肉棒、玉米粒、洋葱拌上黏糊糊的希腊酸奶，就做成了味道和口感都很完美的酸奶沙拉。紫菜上面用鸡蛋饼代替米饭，再把酸奶沙拉、生菜、包饭萝卜等一层一层地盖上，即使是初学者也能轻松卷好，这样一款水灵灵的软糯紫菜包饭就大功告成了。

用料

- □ 紫菜 1张
- □ 生菜 7片
- □ 洋葱 1/4个（55g）
- □ 蟹肉棒 2个
- □ 鸡蛋 2个
- □ 玉米粒 2勺
- □ 包饭萝卜 4片
- □ 希腊酸奶 5勺（100g）
  （参考230页）
- □ 生苏子油 1/3勺
- □ 橄榄油 1/2勺

1. 生菜洗净沥干水分，洋葱切丝，蟹肉棒按纹理撕开。

2. 把鸡蛋打碎，在热锅里涂上橄榄油，倒入鸡蛋液，做成鸡蛋饼，静置放凉。

卷好紫菜包饭，将有紫菜的部分与桌面接触一段时间，这样食材的水分会很好地固定住紫菜。

3. 把蟹肉棒、玉米粒、洋葱和酸奶拌匀，做成酸奶沙拉。

4. 在紫菜上面按照鸡蛋饼→4片生菜→包饭萝卜→酸奶沙拉→3片生菜的顺序摆好，把紫菜包饭压实。

5. 在紫菜包饭和刀上抹生苏子油，切成适合食用的大小。

减脂豆腐块

　　豆腐富含蛋白质，是人们都很喜欢的食材，也是减肥者们非常棒的蛋白质仓库。虽然直接吃也很好吃，但是沥干水分，在空气炸锅里烤的话，就可以制作有嚼劲的高蛋白豆腐块了。加上杏仁香喷喷的味道，拌上健康的酱汁，你会被入口满满嚼劲的豆腐块和酸辣的酱汁迷住，让你完全想不到这是一道素食。

用料

□ 豆腐 1块（300g）

□ 杏仁 10颗

□ 黑芝麻 少许

● 酱汁

□ 辣椒粉 1 / 3勺

□ 蒜泥 1 / 2勺

□ 番茄酱 1勺

□ 是拉差辣椒酱 1 / 2勺

□ 阿洛酮糖 1+1 / 2勺

　（或用低聚糖1勺）

□ 黑芝麻 少许

□ 欧芹粉 少许

1. 用厨房用纸压豆腐，去掉水分，将豆腐切成一口能吃下的大小。

2. 把豆腐放在硅油纸上，用空气炸锅180℃烤制20分钟，翻过来再烤10分钟。

3. 将酱汁拌匀，杏仁切碎。

可以配上切好的卷心菜沙拉、黄瓜、红彩椒等蔬菜。

4. 锅里放入酱汁、豆腐、杏仁，炒匀，盛到碗中，撒上黑芝麻。

鸡胸肉炒空心菜

● 早餐　　● 晚餐　　● 备餐

　　这道菜主要用的是去东南亚餐厅经常点的空心菜。空心菜和牵牛花也是"亲戚"，经过加热炒制后，口感清脆，是我非常喜欢的食材。现在比以前更容易买到，在家里自己做着吃，也可以体会到去东南亚玩的感觉。用鸡胸肉和白芸豆补充健康的蛋白质和碳水化合物，用大蒜和蚝油提味，这道料理瞬间就完成了！

用料

- □ 生鸡胸肉 113g
- □ 空心菜 100g
- □ 洋葱 1/4个（45g）
- □ 大蒜 3个
- □ 白芸豆罐头 2勺
- □ 辣椒粉 1/3勺
- □ 蚝油 1/2勺
- □ 阿洛酮糖 1/2勺
  （或用低聚糖）
- □ 胡椒粉 少许
- □ 红辣椒碎 少许
- □ 橄榄油 1/2勺

可以用菠菜来代替空心菜。

1. 空心菜切成3cm长，洋葱切成丝，大蒜切成片，生鸡胸肉切成一口能吃下的大小。

2. 在烧热的平底锅里倒入橄榄油，先炒大蒜、洋葱，再加入空心菜梗和生鸡胸肉翻炒。

3. 放入辣椒粉、蚝油、阿洛酮糖翻炒，倒入空心菜叶、白芸豆快炒。

4. 将食材盛入碗中，撒上胡椒粉和红辣椒碎。

备餐小提示

需要将所有食材炒熟的炒制菜，放入冷冻后再解冻，味道几乎没有差别，所以很适合用作备菜。以"所有食材一顿的分量×N顿饭"来计算制作，蚝油、辣椒粉、阿洛酮糖只需要使用70%左右，橄榄油使用50%就够了。用又大又深的锅炒熟，分成小份，2~3天内吃的放在冷藏室，以后吃的放在冷冻室保存。

小提示

如果懒得自己煮豆子，或者实在太忙，可以直接用罐头。特别是白芸豆中含有菜豆素（phaseolin），这是一种膳食纤维和蛋白质，另外还富含花青素，在做减脂餐时非常有用。购买罐头时，要选择不含防腐剂的健康产品。

胡萝卜拉佩糙米纸紫菜包饭

● 早餐　　● 午餐　　● 晚餐

▶ 使用胡萝卜拉佩（246页）

　　给大家介绍一下这款糙米纸紫菜包饭，劲道口感别有一番风味。用糙米纸代替米饭，口感更加劲道，酸辣的胡萝卜拉佩脆脆的，很爽口。你以为这就完了吗？不，牛油果和鸡蛋卷负责加入软糯的口感。整根辣椒是紫菜包饭的灵魂！特别是把糙米纸铺在紫菜上，紫菜还不容易撕裂，初学者也能轻松卷好紫菜包饭。

用料

- □ 紫菜 1张
- □ 糙米纸 4张
- □ 胡萝卜拉佩 100g
  （参考246页）
- □ 牛油果 1/2个
- □ 辣椒 2个
- □ 鸡蛋 2个
- □ 包饭萝卜 3片
- □ 生苏子油 1/3勺
- □ 橄榄油 1/2勺

1.牛油果切成薄片，辣椒去蒂，鸡蛋打匀。

这样做比一直开着火做的鸡蛋卷更软糯，外形也更美观。

2.锅中倒入橄榄油，用大火烧热，关火，倒入鸡蛋液后卷起，待卷好后再用大火把鸡蛋卷煮熟，这样它就能很好地黏合在一起。

紫菜是将粗糙的面向上放，长度长的边纵向摆放。

3.将3张糙米纸放入温水中浸泡一会儿，然后取出泡发的糙米纸，将3张糙米纸叠好，一起放到紫菜上面。

卷好紫菜包饭，将有紫菜的部分与桌面接触一段时间，这样食材的水分会很好地固定住紫菜。

4.按照牛油果→包饭萝卜→鸡蛋卷→辣椒→胡萝卜拉佩→1张泡好的糙米纸的顺序摆放好，卷好紫菜包饭。

5.在紫菜包饭和刀上抹生苏子油，切成适合食用的大小。

金枪鱼卷心菜卷

● 早餐   ● 午餐   ● 晚餐

　　在韩国人喜欢的代表酱料——大酱中放入金枪鱼、杂粮饭和生苏子油，搅拌后散发出香喷喷的味道。在卷心菜中放入金枪鱼大酱拌饭，卷起来。这道菜只要把卷心菜焯一下就可以做，是一道超简单的菜。拌饭的甜咸味道、包饭萝卜的清爽、辣椒的辣味，这种组合越吃越搭配。让你胃口大开，一口一个吃起来。

用料

- □ 紫菜 1张
- □ 杂粮饭 100g
- □ 卷心菜 210g
- □ 金枪鱼罐头 1个（100g）
- □ 辣椒 2个
- □ 包饭萝卜 3片
- □ 蒜泥 1/3勺
- □ 低盐大酱 1/2勺
  （或用普通大酱1/3勺）
- □ 生苏子油 1勺
- □ 黑芝麻 1/3勺
- □ 水 适量

1. 卷心菜放入沸水中煮2分钟，直至煮蔫，把水分煮出。

2. 金枪鱼需用勺子按压去掉多余油脂，辣椒去蒂。

3. 将杂粮饭、金枪鱼、蒜泥、低盐大酱、生苏子油拌匀，做成金枪鱼大酱拌饭。

4. 将卷心菜撕成紫菜大小，一层一层叠起来，放到紫菜上面，按照金枪鱼大酱拌饭→辣椒→包饭萝卜的顺序摆好，卷好紫菜包饭。

5. 切成适合食用的大小，撒上黑芝麻。

干豆腐紫菜包饭

● 早餐　● 晚餐

▶ 使用减肥泡菜（240页）

　　把干豆腐的水分去掉，就可以代替米饭卷进紫菜包饭里了。这样做出来的紫菜包饭就是低碳水高蛋白的紫菜包饭了。在此基础上，加入蟹肉含量较高的蟹肉棒，增加美味和蛋白质。再加入粉色的减肥泡菜，炒熟的胡萝卜，不仅能兼顾味道，还能减重。这款粉色的干豆腐紫菜包饭，无论在哪里都会受到吃货们的关注。

用料

- □ 紫菜 1张
- □ 干豆腐 1包（100g）
- □ 苏子叶 8片
- □ 辣椒 2个
- □ 胡萝卜 1/3个（95g）
- □ 蟹肉棒 3个
- □ 减肥泡菜 60g（参考240页）
- □ 芝士 1片
- □ 生苏子油 1/3勺
- □ 橄榄油 1/2勺

1.苏子叶洗净沥干，辣椒去蒂，干豆腐用水冲洗，过筛沥干。

2.胡萝卜用菜刀切成丝，在热锅里倒入橄榄油，放入胡萝卜丝，轻轻翻炒。

3.蟹肉棒按纹理撕成条状，泡菜切成条状，芝士切成3份。

4.在紫菜上面铺干豆腐，按照4片苏子叶→芝士→蟹肉棒→泡菜→辣椒→胡萝卜→4片苏子叶的顺序，卷好紫菜包饭。

5.在紫菜包饭和刀上抹生苏子油，切成适合食用的大小。

萝卜干香瓜紫菜包饭

● 早餐　　● 午餐

　　凉拌萝卜干嚼起来"咯吱咯吱"的，吃起来会上瘾，是名副其实的下饭菜，不知不觉就会越吃越想吃。但只要适度使用，就能成为减脂紫菜包饭中令人眼前一亮的食材。我把脆脆的香瓜洗干净，把整个果皮一起放进去。香瓜皮富含钾，有助于钠的排出，甜甜爽脆的味道很是美味。既像是妈妈做的紫菜包饭，却又别具一格，挑战一下吧。

用料

☐ 紫菜包饭紫菜 1片

☐ 杂粮饭 90g

☐ 香瓜 1/4个（54g）

☐ 凉拌萝卜干 35g

☐ 金枪鱼罐头 1个（100g）

☐ 苏子叶 10片

☐ 辣椒 2个

☐ 芝士 1片

☐ 生苏子油 1/3勺

金枪鱼可以放入过滤网后，倒入热水，洗掉多余油脂。

1. 金枪鱼需用勺子按压去掉多余油脂，苏子叶洗净沥干，辣椒去蒂。

2. 香瓜用小苏打或醋洗净，去籽，带皮切丝，芝士分成3份。

3. 把芝士并排放在紫菜中间，在其上方和下方铺上杂粮饭。

4. 按照5片苏子叶→凉拌萝卜干→金枪鱼→香瓜→辣椒→5片苏子叶的顺序，卷好紫菜包饭。

5. 在紫菜包饭和刀上抹生苏子油，切成适合食用的大小。

鸡胗大酱沙拉

　　常常在路边摊当作下酒菜的鸡胗，怎么可能出现在减肥食谱里呢？每
100g鸡胗就含有17g蛋白质，还含有维生素B族、铁、高蛋白，是一款健康
食品。作为下酒菜吃的鸡胗，一般会放入充足的油进行烹饪，为了去腥，我
们可以焯一下水，清淡点吃。"咯吱咯吱"的口感加上香喷喷的大酱，还有
生苏子油的香味，让我们一起尝尝这款超简单却魅力满分的美味沙拉吧。

用料

- ☐ 鸡胗 150g
- ☐ 芹菜 1根（57g，42 cm）
- ☐ 洋葱 1/2个（95g）
- ☐ 大蒜 8个
- ☐ 黑芝麻 少许
- ☐ 橄榄油 1/2勺
- ☐ 胡椒粉 少许

● 酱汁
- ☐ 蒜泥 1/3勺
- ☐ 大酱 1/3勺
- ☐ 生苏子油 1勺

将鸡胗的外层加热至略微收缩。

1.用手搓鸡胗，冲水洗净，放入沸水中，焯约1分钟。

2.芹菜、洋葱切成一口能吃下的大小，将大蒜切成片。

3.将焯水后的鸡胗竖向放置，分成2份，用酱汁拌匀。

4.在热的平底锅里倒入橄榄油，用中火炒洋葱、大蒜，当洋葱变成半透明时，加入鸡胗、芹菜，将鸡胗炒至金黄色。

5.加入酱汁，撒上胡椒粉，迅速搅拌，然后关火。

6.将食物盛到碗里，撒上黑芝麻。

里科塔三文鱼沙拉

● 早餐　　● 晚餐

▶ 使用里科塔芝士（232页）

　　烟熏三文鱼和里科塔芝士的组合是沙拉美食店里经常出现的搭配。这应该能说明它很好吃吧？我在里面加上酸甜的青葡萄，发明了一个更完美的味道搭配。摆盘的时候让五颜六色的食材交替，就能做出不亚于餐厅的沙拉视觉效果，赶紧带着愉快的心情，将这道菜美美地装饰起来吧。

用料

□ 里科塔芝士 2勺（34g）
　（参考232页）

□ 烟熏三文鱼 120g

□ 蔬菜组合 100g

□ 洋葱 1/5个（34g）

□ 黄瓜 1/4个（60g）

□ 青葡萄 4颗

□ 黑橄榄 6个

□ 大麻子 1/3勺

● 青葡萄酱（2顿的量）

□ 青葡萄 4颗

□ 香草盐 1/4勺

□ 柠檬汁 1勺

□ 橄榄油 2勺

1.将蔬菜组合洗净，用筛子筛干，
洋葱切丝，黄瓜用削皮器削成又
长又宽的条，青葡萄切成2份，青
葡萄酱中的青葡萄要切成小块。

2.将青葡萄酱用料拌匀。

3.将蔬菜组合、洋葱和半份青葡
萄酱（1顿的量）混合，轻轻拌
匀，装入碗中。

4.黄瓜折成两半，烟熏三文鱼卷成
花状，用勺舀入里科塔芝士，浇
在上面装饰。

5.放上青葡萄和黑橄榄，撒上大
麻子。

蔬菜杂烩紫菜包饭 #沙拉王紫菜包饭

● 早餐　● 晚餐

　　包裹了大量蔬菜的新鲜紫菜包饭，再蘸上熏制蛋黄酱，让味道和心情都提升一个档次。不用米饭，只铺上鸡蛋饼即可，这样可以在减少碳水化合物的同时，填满蛋白质，蟹肉棒和蔬菜组合一起放入，味道和口感更丰富。再加上牛油果和芝士的软糯口感，可以说是越嚼越香。是不是一款让你身体变得更轻的"沙拉王紫菜包饭"呢？

用料

☐ 紫菜 1 + 1 / 2张

☐ 蔬菜组合 1 + 1 / 2把（100g）

☐ 牛油果 1 / 2个

☐ 蟹肉棒 2个

☐ 芝士 1片

☐ 鸡蛋 2个

☐ 包饭萝卜 3片

☐ 生苏子油 1 / 4勺

☐ 橄榄油 1 / 2勺

● 熏制蛋黄酱

☐ 熏制彩椒粉 1 / 4勺

☐ 是拉差辣椒酱 1 / 2勺

☐ 植物蛋黄酱 1 / 2勺

　（或用半油蛋黄酱）

小提示

牛油果一旦接触到空气，果肉就会褐变，所以最好尽快吃掉。熟透的牛油果要分成两半，先食用籽掉落的部分。在连着籽的一侧涂上橄榄油，用保鲜膜包裹或放入密闭容器中，籽的部分朝下冷藏保存，可以最大限度地减缓褐变，以便于长时间保存。这样保存的牛油果需要在2~5天内吃完。

1. 将蔬菜组合洗净后沥干水分，把牛油果切成薄片。

2. 蟹肉棒按纹理撕开，芝士分成3份，鸡蛋打好。

3. 在热锅中抹上橄榄油，倒入鸡蛋液，做成鸡蛋饼，静置放凉。

4. 将蔬菜组合和蟹肉棒拌匀，制作蔬菜杂烩，熏制蛋黄酱的用料拌匀。

在1/2张紫菜的边缘部分放上芝士，把剩下的1张紫菜盖在芝士上面。

6. 紫菜上按照鸡蛋饼→牛油果→蔬菜杂烩→包菜萝卜的顺序摆放好，卷好紫菜包饭。

7. 在紫菜包饭和刀上抹生苏子油，切成适合食用的大小，配上熏制蛋黄酱。

虾仁泡菜菠萝甘蓝卷

● 早餐　　● 午餐　　● 晚餐　　○ 零食

　　用Q弹的虾仁做出的虾仁泡菜炒饭，光想想就觉得美味不可挡吧？现在，炒饭也可以不用勺子吃，只要卷起来，用一只手拿着吃即可。羽衣甘蓝是黄绿色蔬菜中β-胡萝卜素最丰富、最多汁的蔬菜。用它把馅料卷起来，就可以做出健康的便当食物了。不仅外形毫不逊色，里面还加入了有助于蛋白质消化吸收的菠萝，甜咸组合简直超级棒。

用料　　2顿的量

- □ 魔芋饭 1包（150g）
- □ 羽衣甘蓝 2片（多汁）
- □ 冻虾仁 3只
- □ 鸡蛋 2个
- □ 洋葱 1/4个（50g）
- □ 泡菜 40g
- □ 牛油果 1/2个
- □ 菠萝 40g
- □ 辣椒粉 少许
- □ 橄榄油 1勺

1. 把羽衣甘蓝茎的部分用刀取出，冻虾仁清洗后，用温水浸泡解冻。

2. 鸡蛋打匀，在热锅里倒入1/2勺橄榄油，倒入鸡蛋液，做成鸡蛋饼。

洋葱、泡菜切碎，牛油果切成薄片，菠萝切成一口能吃下的小块。

4. 在热锅里倒入1/2勺橄榄油，炒泡菜和洋葱，再加入魔芋饭、虾仁、辣椒粉，炒制成虾仁泡菜炒饭。

5. 在硫酸纸上铺2片羽衣甘蓝，然后按照鸡蛋饼→牛油果→虾仁泡菜炒饭→菠萝的顺序放上去，抓住羽衣甘蓝，像卷紫菜包饭一样卷成卷。

包装方法可以参考30页。

甘蓝卷固定好之后，拿到硫酸纸的前面，将甘蓝卷和硫酸纸卷到一起进行包装。

7. 可以按照6：4的比例分成2份，作为正餐和零食。

甜南瓜紫菜包饭

● 早餐　　● 午餐　　● 晚餐

　　甜南瓜里含有很多膳食纤维，而且纯碳水化合物的含量低，是很适合减肥时吃的碳水化合物食材。有自然甜味道的甜南瓜，越嚼越香的植物素肉，能够突出味道亮点的泡菜，将三者一起卷成甜南瓜紫菜包饭。味道丰富，口感绵软筋道爽脆，魅力无穷，毋庸置疑。赶快尝尝吧！

用料

- □ 紫菜包饭紫菜 1张
- □ 甜南瓜 1 / 6个（150g）
- □ 苏子叶 8片
- □ 辣椒 2个
- □ 芝士 1片
- □ 豆制素肉 100g（或用植物素肉）
- □ 泡菜 40g
- □ 生苏子油 1 / 3勺

剩下的甜南瓜可以放到冷藏室保管，作为零食食用，或者用到其他料理中去。

1.把甜南瓜分成4份，去籽，放在蒸笼里蒸10分钟，然后冷却。

2.苏子叶洗净沥干，辣椒去蒂，芝士分成3份。

3.把豆制素肉放到干的平底锅里，上下煎烤至焦黄。

4.用叉子把甜南瓜捣碎。

5.在紫菜上面按照甜南瓜泥→4片苏子叶→芝士→豆制素肉→泡菜→辣椒→4片苏子叶的顺序放好，卷成紫菜包饭。

6.紫菜包饭和刀上抹生苏子油，切成适合食用的大小。

LOW CARBOHYDRATE

HIGH PROTEIN

DIET RECIPES

第六章

迪迪米妮牌减肥烘焙！

超级简单的甜品和美味小菜

减肥最大的敌人就是甜食了，但也可以认为是面粉和白糖。

所以我要满足一直忍着不吃甜品的减肥人的欲望。

做出来的东西一定要健康、简单，让烘焙新手也能轻松掌握。

当然，这些食物一定是又健康又好吃的，吃完也不会变胖，这一点不用我说大家也知道吧？

在这些甜品上，还加了装饰，有奶酪、酸奶、腌黄瓜、胡萝卜丝等，

或者是在制作紫菜包饭或三明治中经常使用的材料。

掌握之后，这些就会成为你受益终身的美味食谱。

高蛋白华夫饼

● 早餐　　● 午餐

▶ 使用希腊酸奶（230页）

　　悠闲的周末早晨，要不要做一份摆盘精美、无面粉、无添加、富含蛋白质的华夫饼呢？这是将木斯里、蛋白粉、杏仁粉等健康的食材揉成团状，在华夫饼锅上烤得金黄酥脆，再加上希腊酸奶、水果、无糖草莓酱制作而成的。这是一份同时有着视觉和味觉双重享受的早午餐。当然，吃了之后是会更幸福的。

用料

- □ 木斯里 3勺（30g）
- □ 蛋白粉 2勺（17g）
- □ 杏仁粉 1勺（8g）
- □ 鸡蛋 1个
- □ 橄榄油 1/2勺
- □ 希腊酸奶 2冰勺
  （3勺 + 1/2勺，70g）
  （参考230页）
- □ 无糖草莓酱 1勺
- □ 蓝莓 9个
- □ 火麻仁 少许

1. 将 2 + 1/2勺木斯里、蛋白粉、杏仁粉、鸡蛋、橄榄油均匀搅拌，揉成面团。

如果没有华夫饼锅，可用一般的平底锅，用铲子将面团压好。

2. 将揉好的面团放到华夫饼锅里，用中火翻烤，中间要反复确认，3分钟左右可烤至淡黄色。

3. 将高蛋白华夫饼放到盘中，用挖冰勺舀一冰勺希腊酸奶，弄成圆圆的样子放到华夫饼上。

4. 用无糖草莓酱、1/2勺木斯里、蓝莓、火麻仁做装饰。

蛋白提拉米苏

● 早餐　● 午餐　○ 零食

▶ 使用希腊酸奶（230页）

　　虽然没有加一粒糖，但只要舀一勺吃，市面上的提拉米苏就被统统抛到脑后，真是非常美味的减肥用提拉米苏。将全麦饼干碎浸入咖啡，散发出淡淡的咖啡香，将健康的蛋白希腊酸奶和新鲜的草莓搭配在一起。爽嫩可口，超级美味。这样一来减肥时也不用放弃甜点了吧？

用料 2顿的量

- □ 草莓 7~8个
- □ 全麦饼干 7个（47g）
- □ 阿洛酮糖 1勺（或低聚糖）
- □ 咖啡 1/2杯
- □ 蛋白粉 2勺（25g）
- □ 希腊酸奶 5勺（100g）
  （参考230页）
- □ 无糖可可粉 1/2勺

1. 将1个草莓留着草莓蒂，切成两半，4个草莓去掉草莓蒂，切成两半，其他的草莓四等分。

2. 将全麦饼干放入搅拌机，磨碎，将阿洛酮糖和咖啡混合均匀，制成咖啡液。

3. 将蛋白粉和3勺咖啡液混合均匀之后，加入希腊酸奶，制成蛋白希腊酸奶。

4. 将全麦饼干碎均匀铺到透明容器中，用勺子均匀地撒上咖啡液，将饼干碎浸湿。

小提示

全麦饼干是将全麦面包压缩成薄片后进行干燥处理，具有酥脆的口感和香喷喷的味道的产品。我主要使用"Finn Crisp Original"产品。因为里面含有丰富的食用纤维和蛋白质，是健康的碳水化合物食品，所以可使用在日常料理或健康的甜点上。

把无糖可可粉用筛子筛一筛再撒。

5. 将一半的希腊酸奶铺平，在容器的边缘放上草莓，将等分的草莓放到中间。

6. 将剩下的所有酸奶全部放入，盖满容器，看不到草莓为宜，将无糖可可粉撒到提拉米苏上，用有草莓蒂的草莓做装饰。

马克杯蛋白蛋糕

● 早餐　　● 午餐　　○ 零食

▶ 使用希腊酸奶（230页）

强烈推荐给小懒虫们的甜点。你相信把所有材料混合在一起用微波炉烹饪就会变成蛋糕吗？将材料揉成面团，装在耐热容器里，用微波炉加热，制作成松软的蛋糕坯，再放上希腊酸奶和草莓，这样一来味道和形状都不亚于普通蛋糕。味道不太甜，反而更好吃，这样一杯甜品不仅会让你心情变好，还可以补充蛋白质。

用料

2顿的量

- □ 蛋白粉 4勺（40g）
- □ 鸡蛋 2个
- □ 牛奶 3勺
- □ 木斯里 35g
- □ 希腊酸奶 2勺（40g）
   （参考230页）
- □ 低聚糖 1/2勺
   （或用阿洛酮糖1勺）
- □ 水 2勺
- □ 草莓 2个
- □ 橄榄油 1/3勺

1. 加入蛋白粉、鸡蛋、牛奶，木斯里3勺（21g），搅拌成团状。

如果一次性加热3分钟，面团就会溢出来。可以根据消耗的电量，适当加减加热时间。

2. 在耐热容器上涂橄榄油，将面团倒进去，在微波炉里加热1分钟＋1分钟＋1分钟，共分3次加热，制作成蛋糕坯。

3. 给草莓去蒂，切成薄片，将低聚糖和水拌匀。

4. 将放凉的蛋糕坯横切3等份，然后按照蛋糕坯→低聚糖水→1/2勺希腊酸奶→草莓→中间蛋糕坯→低聚糖水→1/2勺希腊酸奶→草莓→顶层蛋糕坯的顺序摆放。

5. 在蛋糕的所有面都薄薄地涂上1勺希腊酸奶，将剩下的木斯里紧密地贴好。

蛋白格兰诺拉麦片

　　用麦片、坚果、干果等烤出来的格兰诺拉麦片，与牛奶或酸奶混合在一起，是一顿简单的早餐，你值得拥有。想吃得更健康，就加一些蛋白粉，涂上蛋白粉后，直接烤制。这比想象中制作容易，味道和营养也仅次于美食店，一定要推荐给各位。有着酥脆的口感，当嘴巴无聊的时候可以当成小零食，当成水果餐或酸奶餐也毫不逊色。

用料 3~4顿的量

☐ 木斯里 120g
　（或用麦片、坚果、果干等）
☐ 蛋白粉 3勺（25g）
☐ 杏仁 1把（34g）
☐ 可可粉 1勺
☐ 大麻子 1勺
☐ 阿洛酮糖 4勺
　（或用低聚糖3勺）
☐ 水 2勺

1. 均匀搅拌木斯里、蛋白粉、杏仁、可可粉、大麻子。

2. 倒入阿洛酮糖和水，让蛋白粉变黏稠，做成格兰诺拉麦片团。

3. 将搅拌好的面团薄薄地铺在硅油纸上，用空气炸锅150℃烤10分钟，翻过来再烤5分钟。

把大块切成适当的大小。

4. 冷却后放入密封容器中，冷藏保存一周，分3~4次食用。

减脂香蕉布丁

● 早餐　　● 零食

▶ 使用希腊酸奶（230页）

　　我想起了在纽约旅行时吃的那家著名蛋糕店的香蕉布丁，所以制作了减肥版本。用希腊酸奶代替加满糖的奶油，加入蛋白粉，添加减肥所必需的蛋白质。还有牛奶、香蕉，以及给人咀嚼乐趣的全麦饼干，一层层堆起来，美味的布丁就完成了！冷藏后舀一口吃，软糯的口感让人记忆犹新。

用料

□ 香蕉 1根

□ 全麦饼干 9个（60g）

□ 蛋白粉 4勺（35g）

□ 牛奶 5勺

□ 希腊酸奶 5勺（100g）

　　（参考230页）

□ 迷迭香 少许

1. 香蕉切成圆形薄片，全麦饼干切碎成小块。

2. 蛋白粉、牛奶搅拌均匀，然后加入希腊酸奶，制成奶油。

如果是透明的杯子，可以将香蕉片贴着玻璃杯面摆放，会更美观。

3. 在甜点杯中交替盛放奶油、香蕉和全麦饼干。

放在冷藏室里冷藏保存2~3小时再吃，味道会更好。

4. 用迷迭香装饰。

蜂蜜黄油豆腐片

　　甜咸的蜂蜜黄油味薯片想想就觉得好吃，可惜减肥期间要避开油炸食品。但在减肥期间也会想吃脆脆的零食，所以我就开发了这款可以代替薯片的高蛋白豆腐片。将薄薄的干豆腐或者豆腐皮放在空气炸锅里炸脆，再拌上特制蜂蜜黄油酱等，就做出了3种味道的小零食。

用料　　2~3顿的量

- □ 豆腐皮 1包（80g）
  （或用干豆腐）
- □ 无盐黄油 20g
- □ 洋槐蜜 1勺（或用蜂蜜）
- □ 阿洛酮糖 2勺（或用低聚糖）
- □ 盐 少许（2捏）
- □ 肉桂粉 1/3勺
- □ 欧芹粉 1/3勺
- □ 蒜泥 1/3勺

1.把豆腐皮沥干，切成一口能吃的大小。

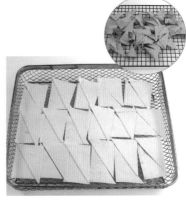

2.在网上铺开豆腐皮，在180℃的烤箱中烘焙5分钟，翻转再烤5分钟。

无盐黄油连同容器在温水中隔水融化，然后加入蜂蜜、阿洛酮糖和盐搅拌均匀，制成蜂蜜黄油。

4.可以在1/3的蜂蜜黄油中加入肉桂粉，做成肉桂酱。

5.在剩下的2/3蜂蜜黄油中加入欧芹粉，制作原味蜂蜜黄油酱，取其中一半加入蒜泥混合，制成蜂蜜蒜酱。

蜂蜜蒜酱要在小火上再加热一会，这样大蒜才会熟。

在干锅里放入烤好的豆腐皮，每次放入1/3的量，用小火均匀地蘸上酱汁。

7.将调好味的豆腐皮放在网上冷却片刻，分装成小份，放入冷藏室可以保存5天。

抹茶希腊风味贝果

● 早餐　● 午餐

▶ 使用希腊酸奶（230页）

　　如果你想吃一个被口感绵密的奶油填满的贝果怎么办呢？只需要把它做成减脂版本就可以了！把全麦贝果烤熟，用希腊酸奶代替奶油芝士，再加入你想吃的调味粉末，外加可以增加口感的坚果。我最近喜欢微苦的抹茶，所以加了抹茶粉。你想和我一起尝尝吗？

用料

2顿的量

- □ 全麦贝果 1个
- □ 希腊酸奶 7勺（140g）
  （参考230页）
- □ 抹茶粉 1勺（8g）
- □ 低聚糖 2勺
  （或用阿洛酮糖、蜂蜜）
- □ 坚果 1把（25g）

如果使用容易被乳酸菌（酸奶）吸收的低聚糖会更好，如果没有也可以用阿洛酮糖或蜂蜜代替。

1. 将希腊酸奶、抹茶粉、低聚糖和坚果用大勺搅拌均匀，做成抹茶奶油。

2. 将全麦贝果横分成两份，放在煎锅内烤至两面金黄。

剩下的另一半可以冷冻，稍微融化后再吃会更好吃。

3. 在切开的全麦贝果面上涂厚厚的抹茶奶油，再盖上剩下的贝果。

4. 分成两份，分两次吃。

巧克力奶油吐司

● 早餐　　● 午餐

▶ 使用希腊酸奶（230页）

一听到"巧克力"，睡着觉都会跳起来的人们，请到这里集合！低血糖时，或想吃巧克力时，再或想吃涂满巧克力奶油的面包时，你可以尝试做一下这个。它的味道绝对不亚于市场上销售的巧克力蛋糕。用巧克力味蛋白粉和希腊酸奶竟然可以做出这种味道，你可能都不敢相信，但这是真的！在全麦面包上涂巧克力奶油或蘸着吃，不仅可以满足吃巧克力的欲望，也会补充蛋白质。

用料

□ 全麦面包 1片

□ 香蕉 1/2根

□ 腰果 8粒（或用其他坚果）

□ 可可粒 少许

□ 巧克力味蛋白粉 3勺（25g）

□ 无糖可可粉 1勺

□ 燕麦牛奶 3勺
（或用牛奶、无糖豆奶）

□ 希腊酸奶 2勺（70g）+
1/2勺（15g）
（参考230页）

□ 肉桂粉 少许

□ 薄荷叶 少许

1.将巧克力味蛋白粉、无糖可可粉和燕麦牛奶混合均匀，再放入2勺希腊酸奶，混合成巧克力奶油。

2.香蕉切成圆片。

3.在平底锅里把全麦面包煎成两面金黄。

4.把巧克力奶油抹在全麦面包上，摆上香蕉、腰果、可可粒。

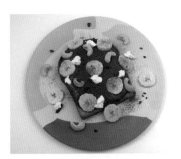

5.撒上肉桂粉，将1/2勺希腊酸奶点缀到全麦面包上，然后放上薄荷叶。

蛋白冰雪糕 #蛋白冰棒

● 零食

　　在炎炎的夏日，如果你想吃雪糕，可以试试这款富含蛋白质的蛋白冰雪糕，也叫蛋白冰棒。这款雪糕是用捣碎的香蕉和无糖酸奶制作的，因此口感不像冰棍一样硬邦邦的，而是入口即化的。在吃的过程中，可以嚼到脆脆的腰果，这也是这款雪糕的亮点。除了抹茶味，还可以用不同味道的粉，做出不一样的味道，今年夏天就可以尽情享受各种口味的健康冰雪糕了。

用料

□ 腰果 1撮（35g）

● 抹茶味奶油
□ 香蕉 1根
□ 蛋白粉 4勺（50g）
□ 杏仁粉 3勺（40g）
□ 抹茶粉 1勺（10g）
□ 无糖酸奶 5勺（100mL）
□ 低聚糖 2勺
　（或用阿洛酮糖、3勺蜂蜜）

1. 腰果用刀背打碎。

如果没有搅拌机，可以用叉子将香蕉碾碎，然后将所有食材拌匀。

2. 在搅拌机中加入抹茶味奶油的用料，磨碎后制成抹茶味奶油。

3. 抹茶味奶油混合腰果碎，倒入硅胶冰淇淋模具中。

4. 放入冷冻室冷冻6小时以上，每天当零食吃1个。

蛋白牛奶布丁

● 零食

　　我非常喜欢吃布丁，但市面上卖的布丁都含有大量的糖和脂肪，所以我就研发了一个既健康又减肥的布丁食谱。不用白糖，只用阿洛酮糖、明胶粉和牛奶，加热后，倒入瓶中就制作完成。如果早知道这么简单，应该早点开始做。这是一款大家都可以轻松制作的布丁，可以冷藏保存后再享用，入口即化，口感更佳。

用料
4次的量

□ 明胶粉 5g

□ 水 3勺

□ 蛋白粉 3勺（25g）

□ 牛奶 300 mL

□ 阿洛酮糖 1勺
　（或用低聚糖）

1. 将明胶粉、水搅拌均匀，浸泡3~5分钟。

结块的部分用筛子筛出来，再用硅胶铲压开。

2. 在锅中倒入蛋白粉、牛奶、阿洛酮糖，小火搅拌，温热，煮沸前关火，加入泡好的明胶拌匀。

玻璃瓶可以放入沸水中煮3分钟进行消毒。

3. 放入消毒后的玻璃瓶里，冰箱冷藏保存4个小时以上就可以吃了。

石榴胶原蛋白软糖

　　石榴胶原蛋白软糖，散发着石榴的清香味。是不是买过很多次啊？现在不用再买了，在家就可以自己做。如果家里有没吃完的低分子胶原蛋白肽，可以一起放进去。石榴中富含的雌激素，具有合成胶原蛋白的作用，两者一起吃是再好不过的了。在吃零食的过程中，也保养了我们的身体。

用料

□ 石榴 1个（只用果粒200g）

□ 明胶粉 10g

□ 低分子胶原蛋白肽 3包（9g）
  （可省略）

□ 阿洛酮糖 3勺（45g）
  （或用低聚糖2勺）

□ 水 4勺 +95 mL

1.石榴剥壳，只留下果粒。

2.将明胶粉和4勺水搅拌均匀，浸泡3~5分钟。

3.取30g石榴果粒用于装饰，把剩下的石榴果粒都放进搅拌机里榨汁，然后用筛子和勺子使劲压，滤出汁液。

加热前要调整好水量，总量达到300g。

4.在锅中加入石榴汁、95mL水，再加入低分子胶原蛋白肽、阿洛酮糖，用小火搅拌开，沸腾前关火，倒入泡好的明胶搅拌均匀。

5.冷却后倒入方形容器中，轻轻加入提前留出的装饰用的石榴果粒，在冷藏室保存4小时，用刀切成适合食用的大小，在一周内食完。

草莓蛋白巧克力火锅

● 零食

　　在高级餐厅或自助餐厅中，可以看到草莓巧克力火锅，将草莓在巧克力中蘸一下取出来，看着就好看，又甜又酸又软，非常让人着迷。不仅可以为自己做，还可以用来招待客人。草莓巧克力火锅可以用天然甜味剂和蛋白粉制作，而不是含糖量高的巧克力。不用担心摄入过多的糖，还能摄取蛋白质，所以不仅对健康有好处，味道也很好。

用料 2～3顿的量

- □ 草莓 11个
- □ 巧克力味蛋白粉 2勺（20g）
- □ 无糖可可粉 1＋1／2勺（10g）
- □ 甜菊糖 1勺（10g）
  （或用阿洛酮糖、低聚糖）
- □ 牛奶 4勺
- □ 椰子油 4勺（不可替代）

1. 草莓洗净后用厨房用纸擦干。

椰子油有使巧克力凝固的作用，所以一定要放进去。

2. 将巧克力味蛋白粉、无糖可可粉、甜菊糖、牛奶、椰子油混合，制成蛋白巧克力酱。

3. 在蛋白巧克力酱中，只浸泡草莓果肉部分，然后取出放在硫酸纸或网上面。

4. 直接放入冷冻室冻10分钟，待巧克力凝固后取出。

小提示

与白糖不同，用甜菊糖和赤藓糖醇混合而成的代糖甜味剂，不会使血糖急剧上升，而且不用担心热量和糖，还可以产生甜味。甜菊糖比白糖甜300倍，所以在挑选甜菊糖的时候，要购买甜菊糖和赤藓糖醇搭配的产品。

希腊酸奶

● 配菜

▶ 可用来制作希腊风味蟹肉棒三明治，蜂蜜蒜香酸奶三明治，香蕉酸奶咖喱汤，金枪鱼酸奶紫菜包饭，酸奶沙拉紫菜包饭，高蛋白华夫饼，蛋白提拉米苏，马克杯蛋白蛋糕，减脂香蕉布丁，抹茶希腊风味贝果，巧克力奶油吐司，酸奶卷心菜沙拉

希腊酸奶是从牛奶中去除乳清制作而成的，乳糖含量较少，比吃普通酸奶对身体更有益。但每次买的话都比较昂贵，如果经常吃的话，建议自己做着吃。只要试着做一次，就会知道非常简单，味道也很好。可以搭配水果做成酸奶球，书中介绍了很多可以使用的食谱。一定要做一下这款只有牛奶和乳酸菌的希腊酸奶。

用料

□ 牛奶 900mL（1袋）

□ 乳酸菌胶囊 1粒
（或用乳酸菌饮料 130mL）

冰凉的牛奶不容易与乳酸菌搅匀，不利于发酵。

1.把牛奶放在室温下，去除冷气。

可以用乳酸菌饮料代替乳酸菌胶囊。

2.打开乳酸菌胶囊，将乳酸菌粉直接倒入牛奶盒中搅拌均匀。

保温10小时后，如果凝固良好，可以不用冷藏保存。如果稍微稀一点的话，就冷藏保存。如果没有酸奶机，就放在电饭锅里保温1小时，关掉电源8～10小时可制成酸奶。

3.在酸奶机中以45℃保温10小时后，在冷藏室保存4小时，制成酸奶。

冰箱里细菌比想象的要多，所以一定要用密封容器过滤乳清。

4.将棉布用橡皮筋等固定在玻璃密封容器口，然后倒入酸奶。

用棉布将市面上卖的无糖酸奶过滤后，制作成酸奶也很好。

5.用棉布包住酸奶，在冷藏室保存6小时以上，去除乳清。

6.装在干净的容器里，在冷藏室可以存放10天。

里科塔芝士

● 配菜

▶ 可用来制作里科塔三文鱼沙拉（196页）

　　里科塔芝士具有软糯的口感，味道也香喷喷的，很适合做沙拉的配料。保存时间也比较长，有两周左右，所以只要制作一次，就可以应用到多种料理上。建议在煮的时候，尽量不要搅拌，一定要记住。这样一款美味的自制里科塔芝士就完成了。

用料

- □ 牛奶 500 mL
- □ 鲜奶油 250 mL（或用牛奶）
- □ 盐 1/4 勺
- □ 柠檬汁 3 勺（或用醋）

> 放鲜奶油的话味道会更醇厚。如果没有鲜奶油，就再放等量的牛奶。

1. 把牛奶、鲜奶油和盐放进锅里，用中小火煮，搅拌两下，以免烧焦。

2. 当牛奶沸腾，形成奶皮，边缘起泡时，加入柠檬汁，搅拌一次，改成小火。

过程中只在沸腾的时候搅拌一次，尽量不搅拌，静置不动。

4. 当牛奶开始结块时，大约10分钟后熄火，再冷却10分钟。

5. 把筛子放在平底锅里，铺上棉布，倒入里科塔芝士，用棉布盖好。

把较重的盘子或碗放在芝士上，保持至少1小时，如果想要更黏稠的口感，就在室温下去除乳清1小时以上。

7. 装在密闭容器中，放在冷藏室保存，两周内食用完。

减脂巧克力酱

　　减肥的时候怎么可以吃巧克力酱！但用我的配方就可以！我制作的减脂巧克力酱一桶的热量和糖都没有市面上销售的巧克力酱两勺的量多，非常健康。把所有的食材都混合在一起放入锅中，稍微搅拌一下即可完成，非常简单。尽情地享用制作简单的减脂巧克力酱吧！

用料

□ 巧克力味蛋白粉 2勺（25g）

□ 无糖可可粉 2勺

□ 木薯淀粉 1/2勺

□ 无糖豆浆 380 mL

□ 阿洛酮糖 4勺

　（或用低聚糖3勺）

1.把筛子放在锅上，同时放入巧克
力味蛋白粉、无糖可可粉、木薯
淀粉，过滤均匀。

2.加入无糖豆浆。阿洛酮糖，用硅
胶铲搅拌均匀。

3.将混合的用料在小火下继续搅拌
煮沸，产生黏性时关火。

4.装在密闭容器中。冷却后保存在
冷藏室中，一周内食用完。

豆腐芝士

● 配菜

▶ 可用来制作豆腐芝士樱桃三明治（120页）

　　芝士只能用乳制品制作？请放下这种偏见！用豆腐也可以做出芝士！
而且有嚼劲的豆腐芝士与一般芝士有不同的魅力。把内酯豆腐和坚果等所
有食材磨碎，把水分挤干就可以了，制作方法也非常简单。是不是很容易
啊！它没有普通芝士那种腻的口感，所以我经常把它涂在全麦饼干上吃。
当然也适合放在三明治里吃。

用料

□ 内酯豆腐 1盒（350g）

□ 腰果（或夏威夷果）2把（50g）

□ 木薯淀粉 1+1/2勺

□ 柠檬汁 2勺

□ 椰枣糖浆 1勺（或用蜂蜜）

□ 盐 少许

□ 橄榄油 4勺

可以用杏仁代替腰果、夏威夷果，但建议使用口感更佳的坚果。

1.将所有食材放入搅拌机中磨碎。

2.把碎料放进锅里，用小火煮沸，不要搅拌，当它变得黏稠时，关掉火，静置冷却。

3.装在密闭容器中，储存在冷藏室，一周内食用完。

豆腐蛋黄酱

● 配菜

▶ 可用来制作豆腐蛋黄酱沙拉饭（94页），蘑菇天贝三明治（110页）

　　在减肥期间，比起普通的蛋黄酱，我更喜欢买豆制品做的植物蛋黄酱来吃，在家可以用豆腐做素食蛋黄酱。只要将豆腐、芝麻、柠檬汁、盐、橄榄油这5种食材磨碎就完成了！非常好吃，而且很容易做，对身体还好，可用自制的蛋黄酱做三明治、盖饭等。

用料

□ 豆腐 1块（300g）

□ 芝麻 3勺

□ 柠檬汁 3勺

□ 盐 1 / 3勺

□ 橄榄油 3勺

1.将芝麻放入搅拌机中磨碎。

2.在磨碎的芝麻中加入豆腐、柠檬汁、盐和橄榄油，再磨细一次。

可以作为蔬菜的沙拉酱，三明治中的酱料使用。

3.装在密闭容器中，放置在冷藏室，一周内食用完。

减肥泡菜

●配菜

▶ 可用来制作干豆腐紫菜包饭（190页）

  我妈妈和我一起通过吃减脂餐瘦了17kg。这道菜是从减肥成功的妈妈那里学来的，是一款健康的减肥泡菜。用阿洛酮糖代替白糖，减少了糖分，用盐量少，所以不咸。还加入了少量的甜菜，这让泡菜的颜色也变好看了。多种蔬菜的酸酸味道、爽脆的口感可以搭配任何一道菜。

用料

- □ 黄瓜 4根
- □ 辣椒 5个
- □ 萝卜 1/4个
- □ 甜菜 1/4个
- □ 水 1L
- □ 盐 2勺
- □ 胡椒粒 1勺
- □ 醋 1杯
- □ 阿洛酮糖（或用低聚糖）2/3杯

1.黄瓜、辣椒、萝卜、甜菜用流水洗净。

2.锅中加水煮开，水开始沸腾时加入盐、胡椒粒、醋和阿洛酮糖，中火煮3分钟，然后关火，冷却至温热。

黄瓜种子多的时候，可用茶匙将种子挖出来，去除种子后使用。

3.黄瓜切条，萝卜切成厚0.7cm的片，甜菜切成厚0.5cm的小块，辣椒斜切成小块。

根据容器的大小，泡菜汤也可以剩一些。

4.将所有蔬菜均匀地放入密闭容器中，倒入温热的泡菜汤。

制作完可以马上吃，但放两天后再吃会更美味。

5.在室温下放置半天以上，放在冷藏室保存，1~2个月内食用完。

酸奶卷心菜沙拉

● 配菜

▶ 可用来制作卷心菜墨西哥卷饼（108页）、希腊酸奶（230页）

我小的时候不喜欢吃蔬菜，但快餐店中与炸鸡搭配在一起的卷心菜沙拉却是我的心头好。每次吃的时候感觉很健康。但后来发现是用蛋黄酱和白糖制作的沙拉。我一直会想念那个味道，所以这次放了大量的卷心菜，用健康的食材代替蛋黄酱和糖，反而做出了一份更加美味的酸奶卷心菜沙拉。在我的短视频里，也收获了很多人的点赞。

用料

- □ 卷心菜 350g
- □ 胡萝卜 1/3个（90g）
- □ 洋葱 1/3个（60g）
- □ 玉米粒 3勺
- □ 盐 1/2勺

● 卷心菜沙拉酱
- □ 希腊酸奶 2勺（70g）
  （参考230页）
- □ 柠檬汁 1勺（可省略）
- □ 醋 2勺
- □ 整粒芥末籽酱 1/2勺
- □ 阿洛酮糖 2勺
  （或用低聚糖 1/2勺）
- □ 胡椒粉 少许
- □ 欧芹粉 少许

1. 将卷心菜、胡萝卜和洋葱洗净，切成丝。

2. 将棉布铺在一个大碗里，盛放卷心菜、胡萝卜、洋葱，加入盐拌匀，腌制20分钟。

> 如果没有棉布，可以用蔬菜脱水机或用手挤压蔬菜，将水分挤出。

3. 拧棉布挤出蔬菜的水分。

4. 将卷心菜沙拉酱的用料搅拌均匀。

5. 将腌过的蔬菜、玉米粒、卷心菜沙拉酱拌匀，装在密闭容器中，保存在冷藏室，一周内食用完。

醋拌黄瓜 #拍黄瓜

● 配菜

▶ 可用来制作干豆腐华夫饼拼盘（72页）

　　将水分满满的黄瓜拍碎，黄瓜的鲜香和水分就会大大增加。用减肥餐的制作方法做出的拍黄瓜吃起来更健康。用阿洛酮糖代替白糖，再放入香菜，闻起来很不错。简单易做，味道清爽，每当想吃酸酸的食物的时候，就会想起这道菜。

用料

☐ 黄瓜 2根

☐ 大蒜 4个

☐ 香菜 1根（12g）
　（或用苏子叶，可省略）

☐ 盐 1／3勺

☐ 糙米醋 2勺

☐ 阿洛酮糖 1＋1／2勺
　（或用低聚糖 1勺）

把黄瓜敲碎后再切，清新的味道会更加丰富。

1. 用刀背敲碎黄瓜，切成一口能吃下的大小。

也可以直接用蒜泥，但拍碎的蒜会有更加丰富的蒜香。

2. 用刀背拍碎大蒜，香菜切成一口能吃下的大小。

3. 把黄瓜、大蒜、香菜、盐、糙米醋和阿洛酮糖拌匀。

4. 装在密闭容器里，冷藏室里保存1～2天后可食用，超级爽口。

胡萝卜拉佩

● 配菜

▶ 可用来制作金枪鱼玉米三明治（106页），干豆腐春卷（166页），胡萝卜拉佩糙米纸紫菜包饭（186页）

　　喜欢吃胡萝卜的人一定会喜欢这道菜！因为胡萝卜拥有特殊的香味，即使是讨厌胡萝卜的挑食者也可以接受！不管你喜不喜欢胡萝卜，我都向你推荐这款胡萝卜拉佩。把胡萝卜切成细丝，拌入整粒芥末籽酱、阿洛酮糖、橄榄油等，胡萝卜的香味就会消失。只剩下清脆的口感和酸甜的味道，搭配在哪里吃都特别好吃。可用在三明治、紫菜包饭、小菜等多种菜品里。

用料

□ 胡萝卜 3根（700g）

● 酱料
□ 香草盐 1/2勺
□ 胡椒粉 1/2勺
□ 柠檬汁 7勺
□ 整粒芥末籽酱 1勺
□ 阿洛酮糖 3勺
　（或用低聚糖2勺）
□ 橄榄油 5勺

1. 胡萝卜洗净，用多功能切菜机切成细长丝状。

2. 把胡萝卜丝和酱料拌匀。

可用于三明治·紫菜包饭·小菜等多种菜品里·

3. 装在密闭容器中，放在冷藏室保存，10天内食用完。

苤蓝沙拉

　　虽然很想在家里做东南亚餐厅里的青木瓜沙拉，但青木瓜很难买到。然而可以用苤蓝代替青木瓜，不仅保留了酸脆的味道，还稍微减少了青木瓜沙拉的咸味。

　　在家也可以很容易地品尝到减肥式的东南亚料理。如果没有鱼酱的话，可以用鳀鱼露代替。

用料

☐ 苤蓝 1/2个（210g）

☐ 胡萝卜 1/4根（60g）

☐ 辣椒 2个

☐ 小番茄 5个

☐ 花生 1把（23g）

● 酱料

☐ 蒜泥 1勺

☐ 柠檬汁 2勺

☐ 鱼酱 2勺
　（或用鳀鱼露）

☐ 阿洛酮糖 1勺
　（或用低聚糖）

用切丝器更加方便.

1.苤蓝、胡萝卜去皮，切成丝。

如果没有红辣椒，可以用青辣椒等.

2.辣椒切碎，小番茄切成4半，花生用刀背压成碎。

3.酱料拌匀，辣椒、小番茄、苤蓝、胡萝卜、花生拌匀。

4.装在密闭容器里，放到冷藏室里保存，10天内食用完。

超简单的食谱，
5分钟即可
完成的料理，
7日食谱表

虽然是超简单的食谱，但是把各种味道的料理汇集在一起，组成了7日的食谱表。料理菜鸟也好，懒人一族也好，为了轻松做出减肥食品，为了减重，希望迪迪米妮能帮助你对料理产生兴趣！

	● 早	● 中	● 晚
第1天	燕麦酱油黄油饭 052	苏子叶包饭味焗饭 048	花生嫩豆腐汤 144
第2天	鸡肉蒜香面包杯 054	魔芋饺子燕麦饭 038	超简单减肥拌面 154
第3天	低碳水玉米芝士面包 100	玉米芝士味焗饭 040	沙拉拌饭 082
第4天	东南亚风味碗面 042	辣炒猪肉味奶油焗饭 076	辣椒罗勒汤面 046
第5天	咸甜大葱味一锅出吐司 058	减脂年糕汤 140	蒜香橄榄油干豆腐 044
第6天	浒苔饭团 090	自由进餐	夏日拌面 050
第7天	苹果布里芝士开放式三明治 098	辣葱炒饭 070	沙拉拌饭 082

在减肥过程中，所有人都会经历一次便秘，这可以通过食谱来解决。现在用膳食纤维满满的迪迪米妮食谱，既能满足饱腹感，又能消除便秘！

	● 早	● 中	● 晚
第1天	沙拉拌饭 082	卷心菜紫菜包饭 162	低碳水炒乌冬面 056
第2天	纳豆苹果开放式三明治 122	金枪鱼卷心菜卷 188	鸡胸肉炒空心菜 184
第3天	香蕉杏仁烤燕麦 062	酸奶沙拉紫菜包饭 180	干豆腐华夫饼拼盘 072
第4天	希腊风味蟹肉棒三明治 104	希腊风味蟹肉棒三明治 104	韭菜金枪鱼拌面 132
第5天	巧克力奶油吐司 220	烧烤味天贝焗饭 092	里科塔三文鱼沙拉 196
第6天	卷心菜鸡汤 156	自由进餐	烤鹰嘴豆和花椰菜 060
第7天	咖喱鸡西葫芦面 148	蟹肉棒纳豆波奇饭 078	蔬菜杂烩紫菜包饭 198

● 早餐	● 午餐	● 晚餐	● 水
第1天			
第2天			
第3天			
第4天			
第5天			
第6天			
第7天			

● 早餐	● 午餐	● 晚餐	● 水
第1天			
第2天			
第3天			
第4天			
第5天			
第6天			
第7天			

● 早餐　　● 午餐　　● 晚餐　　● 水

	早餐	午餐	晚餐	水
第1天				
第2天				
第3天				
第4天				
第5天				
第6天				
第7天				

● 早餐　　● 午餐　　● 晚餐　　● 水

	早餐	午餐	晚餐	水
第1天				
第2天				
第3天				
第4天				
第5天				
第6天				
第7天				

디디미니의 초간단 인생맛 고단백 저탄수화물 다이어트 레시피

Copyright © 2021 Bak Ji Woo.
All rights reserved.
First published in Korean by BIG FISH BOOKS INC.
Simplified Chinese Translation rights arranged by BIG FISH BOOKS INC. through May Agency
Simplified Chinese Translation Copyright © 2023 by Liaoning Science and Technology Publishing
House Ltd.

©2023，辽宁科学技术出版社。
著作权合同登记号：第 06-2021-255 号。

图书在版编目（CIP）数据

高蛋白低碳水减脂餐 /（韩）朴祉禹著；梁超译 . —
沈阳：辽宁科学技术出版社，2023.8（2024.10 重印）
ISBN 978-7-5591-2970-3

Ⅰ.①高… Ⅱ.①朴… ②梁… Ⅲ.①减肥—食谱
Ⅳ.①TS972.161

中国国家版本馆 CIP 数据核字（2023）第 058467 号

出版发行：辽宁科学技术出版社
　　　　　（地址：沈阳市和平区十一纬路25号　邮编：110003）
印 刷 者：辽宁新华印务有限公司
经 销 者：各地新华书店
幅面尺寸：170mm×240mm
印　　张：16
字　　数：350千字
出版时间：2023年8月第1版
印刷时间：2024年10月第3次印刷
责任编辑：朴海玉
版式设计：袁　舒
封面设计：周　洁
责任校对：韩欣桐

书　　号：ISBN 978-7-5591-2970-3
定　　价：58.00元

联系电话：024-23284367
邮购热线：024-23284502